原 康夫・近桂一郎・丸山瑛一・松下 貢 編集

裳華房フィジックスライブラリー

演習で学ぶ 量 子 力 学

小野寺嘉孝 著

裳 華 房

EXERCISES IN ELEMENTARY QUANTUM MECHANICS

by

Yosiotaka ONODERA

SHOKABO

TOKYO

編 集 趣 旨

「裳華房フィジックスライブラリー」の刊行に当り，その編集趣旨を説明します．

最近の科学技術の進歩とそれにともなう社会の変化は著しいものがあります．このように新しい知識が急増し，また新しい状況に対応することが必要な時代に求められるのは，個々の細かい知識よりは，知識を実地に応用して問題を発見し解決する能力と，生涯にわたって新しい知識を自分のものとする能力です．このためには，基礎になる，しかも精選された知識，抽象的に物事を考える能力，合わせて数理的な推論の能力が必要です．このときに重要になるのが物理学の学習です．物理学は科学技術の基礎にあって，力，エネルギー，電場，磁場，エントロピーなどの概念を生み出し，日常体験する現象を定性的に，さらには定量的に理解する体系を築いてきました．

たとえば，ヨーヨーの糸の端を持って落下させるとゆっくり落ちて行きます．その理由がわかると，それを糸口にしていろいろなことを理解でき，物理の面白さがわかるようになってきます．

しかし，物理はむずかしいので敬遠したくなる人が多いのも事実です．物理がむずかしいと思われる理由にはいくつかあります．そのひとつは数学です．数学では $48 \div 6 = 8$ ですが，物理の速さの計算では $48\,\text{m} \div 6\,\text{s} = 8\,\text{m/s}$ となります．実用になる数学を身につけるには，物理の学習の中で数学を学ぶのが有効な方法なのです．この"メートル"を"秒"で割るという一見不可能なようなことの理解が，実は，数理的推論能力養成の第1歩なのです．

一見，むずかしそうなハードルを越す体験を重ねて理解を深めていくところに物理学の学習の有用さがあり，大学の理工系学部の基礎科目として物理

が最も重要である理由があると思います．

　受験勉強では暗記が有効なように思われ，必ずしもそれを否定できません．ただ暗記したことは忘れやすいことも事実です．大学の勉強でも，解く前に問題の答を見ると，それで多くの事柄がわかったような気持になるかもしれません．しかし，それでは，考えたり理解を深めたりする機会を失います．20世紀を代表する物理学者の1人であるファインマン博士は，「問題を解いて行き詰まった場合には，答をチラッと見て，ヒントを得たらまた自分で考える」という方法を薦めています．皆さんも参考にしてみてください．

　将来の科学技術を支えるであろう学生諸君が，日常体験する自然現象や科学技術の基礎に物理があることを理解し，物理的な考え方の有効性と物理の面白さを体験して興味を深め，さらに物理を応用する能力を養成することを目指して企画したのが本シリーズであります．

　裳華房ではこれまでも，その時代の要求を満たす物理学の教科書・参考書を刊行してきましたが，物理学を深く理解し，平易に興味深く表現する力量を具えた執筆者の方々の協力を得て，ここに新たに，現代にふさわしい基礎的参考書のシリーズを学生諸君に贈ります．

　本シリーズは以下の点を特徴としています．

- 基礎的事項を精選した構成
- ポイントとなる事項の核心をついた解説
- ビジュアルで豊富な図
- 豊富な［例題］，［演習問題］とくわしい［解答］
- 主題にマッチした興味深い話題の"コラム"

　このような特徴を具えたこのシリーズが，理工系学部で最も大切な物理の学習に役立ち，学生諸君のよき友となることを確信いたします．

編集委員会

まえがき

　本書は，量子力学をこれから学ぶ読者のための入門的な教科書/参考書である．

　量子力学は，電子のようにミクロな粒子(量子的粒子)がしたがう物理法則を明らかにしてくれるが，われわれが直接に目で見たり手で触れたりすることができないものを対象とするだけに，力学などに比べて，入口の敷居がかなり高い．はじめのあたりで，もう何をやっているのかわからない気分にさせられる．

　こういう「入りにくさ」をできる限り緩和するため，本書では，取扱う内容を，ほぼ半年の授業でカバーされる基礎的な部分に絞り，その範囲でなるべく丁寧なわかりやすい説明を心がけた．第二に，演習問題に力点を置く構成とした．別に量子力学に限ったことではないけれども，演習抜きの学習には，ほとんど意味がない．ただ本を読むだけでは，量子力学は，何もわからないはずである．演習問題は，各章の最後にまとめて置くのではなく，なるべく，本文中の関連部分に埋め込んだ．すなわち，学んだことを(後からまとめてではなしに)すぐにその場で「演習」により確認する —— というスタイルで書かれている．三番目に，Windows用のソフトウェアを別に用意して，理解をさらに深めることもできるようにした．

　本書の原稿は，このシリーズの編集委員である原 康夫氏と近 桂一郎氏にお読みいただき，あたたかいご注意をいただいた．また，出版については裳華房の真喜屋実孜氏と小野達也氏のお世話になった．この機会にこれらの方々にお礼申し上げる．

　　2002年10月

　　　　　　　　　　　　　　　　　　　　　　　　　　小野寺 嘉孝

本書の使い方

筆者自身が学生だった頃のことを思い返すと，量子力学というのは，物理の勉強の中でも何か別格だったような気がする．

力学とか電磁気学とかだったら，演習の問題を自分で解いて，その結果を答と比べてみることができた．けれども量子力学では，それがとてもむずかしかった．答を見て，「そんなふうに計算するのか」，「量子力学とは，そんなふうに考えるものなのか」と気づかされ，そのとき初めて手がかりが得られた．だから，本書の読者にも，（ごく簡単な問題を除いて）答をどんどん見ることを勧める．ただし，当然のことながら，そこで終わってしまってはいけない．あとからもう一度取り組んで，こんどは自分の力で解けるようになることが必要である．

本書を参考書として独習する場合には，はじめから順を追って読むことを勧める．やや薄めの本ではあるが，学習の順序には，それなりに注意を払って書いたつもりである．ただし，どうしても理解しにくい部分があったら，無理せずに先へ進むのがよい．計算に慣れた後で戻って読めば，わかることもあるだろう．

問題の中には ※ 印がついたものがある．これらは，パーソナルコンピュータを使って理解を深めるための問題である．※ 印つきの問題をすっとばしても，本書を読むのにさしつかえはないが，（筆者自身が実際に講義/演習で使った経験から見て）初めての読者にとっては，コンピュータを併用することの効果は，「感じ」をつかむという意味で，かなり大きい．

必要なソフトウェアは，実行形式のファイルが，裳華房のホームページ (https://www.shokabo.co.jp/) から無償でダウンロードできる．このソフトウェアは多くのパーソナルコンピュータで動くはずであるが，動画のプログラムも含まれており，すべての環境での動作を保証することはむずかしい．したがって，ソフトウェア関連の部分は，本書の付録のようなものとお考えいただきたい．

目次

1. 光と物質の波動性と粒子性

§1.1 光の波動性 ・・・・・・・1
§1.2 光の粒子性 ・・・・・・・8
§1.3 物質の波動性 ・・・・・11
§1.4 波動性と粒子性の融和 ・・12
§1.5 光子はどちらのスリットを
　　　通ったか ・・・・・・15

2. 解析力学の復習

§2.1 一般化座標とラグランジアン
　　　・・・・・・・・・・19
§2.2 一般化運動量 ・・・・・21
§2.3 ハミルトニアン ・・・・22
§2.4 ハミルトン運動方程式 ・23
§2.5 ポアソン括弧式 ・・・・24

3. 不確定性関係

§3.1 不確定性関係とは ・・・29
§3.2 不確定性関係と位相空間 ・32
§3.3 平面波 ・・・・・・・35
§3.4 波束と不確定性関係 ・・・36
§3.5 平面波の重ね合わせにより
　　　作られる波束 ・・・・38

4. シュレーディンガー方程式

§4.1 時間を含むシュレーディン
　　　ガー方程式 ・・・・・44
§4.2 ハミルトニアンが時間を含ま
　　　ない場合 ・・・・・45
§4.3 重ね合わせの原理 ・・・・47
§4.4 1次元自由粒子 ・・・・48
§4.5 波動関数の意味 ・・・・49
§4.6 波動関数の規格化と期待値 52

§4.7 内積の定義 ･･････54
§4.8 実在波か確率波か ････57
§4.9 測定による状態の変化 ･･60

5. 波束と群速度

§5.1 位相速度 ･･･････63
§5.2 群速度 ･･･････66
§5.3 波束と群速度 ･････68

6. 1次元ポテンシャル散乱，トンネル効果

§6.1 確率の流れ ･････72
§6.2 階段ポテンシャルへの衝突 75
§6.3 ポテンシャルの山への衝突 83
§6.4 デルタ関数ポテンシャルへの衝突 ･･･････88

7. 1次元ポテンシャルの束縛状態

§7.1 無限に深いポテンシャル井戸の中の束縛状態 ････93
§7.2 固有関数の完全性 ････99
§7.3 古典力学との対応 ････102
§7.4 有限の深さのポテンシャル井戸の中の束縛状態 ･･105

8. 調和振動子

§8.1 調和振動子の固有状態 ･･112
§8.2 エルミート多項式 ････119
§8.3 固有関数の性質 ････122
§8.4 固有関数の完全性 ････124

9. 量子力学の一般論

§9.1 演算子・・・・・・・127
§9.2 量子力学の基本仮定・・・132
§9.3 交換関係と不確定性関係・136
§9.4 連続固有値とデルタ関数・141

問題解答・・・・・・・・・・・・・・・・・・145
索　引・・・・・・・・・・・・・・・・・・・182

コラム

複素数の絶対値・・・・・・・・・5
ヤングと光の波動性・・・・・・・7
アインシュタインと光の粒子性・・・17
ガウス分布・・・・・・・・・・43
確　率・・・・・・・・・・・・62
シュレーディンガー方程式を解く手順・・78
進行波 と 定在波・・・・・・・・98
量子力学 と 数学・・・・・・・110

1 光と物質の波動性と粒子性

　よく知られているように，光の波動性は多くの実験とマクスウェルの電磁気学により支えられた事実であるが，20世紀に入って，光は粒子性をも示すことが明らかになった．さらに，粒子であると考えられていた電子が波動性を示すことも，実験により明らかにされた．こうして，光も物質も，「波動性」と「粒子性」を兼備した言わば"二重人格者"であることが明らかになった．この二重性は，量子的粒子についてどのような描像を描くべきかという問題を提起し，20世紀の物理学者を長いあいだ苦しめた．この章では，光の波動性と粒子性を復習しながら，二つの描像がどのように融和していくかを考える．

§1.1　光の波動性

　光が音と同じように波の性質を示すことは，ヤングにより初めて明らかにされた．単色光の光源から出た光を2個のスリットに当ててスクリーンに導くと，スクリーン上に干渉の縞が現れる．これは，高等学校の教科書にも載っている有名な実験である．ヤングの時代とちがって，今では干渉性の高い光源としてレーザーが使用できるので，学生実験でとり上げることもあるから，He‐Neレーザーの赤い光を鮮明に記憶している読者もいるだろう．

　干渉の様子は，次のように定性的に説明される．図1.1の光源Lを出た波長λの単色光がスリットS_1, S_2に当たると，各スリットを波源とする光の波が発生する．スクリーン上のひとつの点をPとすると，この2つの波

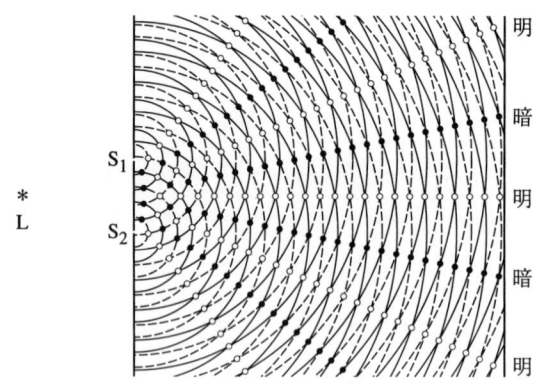

図1.1 ヤングの実験での光の干渉．実線は波の山を表し，破線は波の谷を表す．白丸のところでは2つの波が強め合い，黒丸のところでは打ち消し合う．その結果として，明暗の縞がスクリーンに現れる．

は
$$S_2P - S_1P = n\lambda, \quad \text{ただし } n \text{ は整数} \quad (1.1)$$
のとき互いに強め合い，
$$S_2P - S_1P = \left(n + \frac{1}{2}\right)\lambda, \quad \text{ただし } n \text{ は整数} \quad (1.2)$$
のときに互いに打ち消し合う．その結果，図に示すように明暗の縞が生じる．

定性的な説明はこれで十分であるが，後の都合もあるので，スクリーン上の光の強度がどんな関数で表されるかを定量的に計算してみよう．物理現象の理解は，いつも，定性的な説明と定量的な計算の両方が大切である．

図1.2に示すように，2個のスリットの間隔を d とし，スリットとスクリーンの間の距離を L とする．そして，スクリーン上の点Pの位置（高さ）を y としよう．このとき，2個のスリットを出た光が進む距離（光路長）は，それぞれ

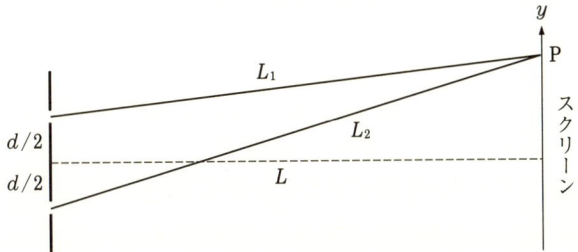

図 1.2 ヤングの実験の配置図

$$\left. \begin{array}{l} L_1 = \sqrt{L^2 + \left(y - \dfrac{d}{2}\right)^2} \\[2mm] L_2 = \sqrt{L^2 + \left(y + \dfrac{d}{2}\right)^2} \end{array} \right\} \quad (1.3)$$

で与えられる．この2つの距離の違い（光路差）により干渉が生じる．

一般に，振動数 ν（ニュー）で z 方向に進む波長 λ（ラムダ）の波の変位は，三角関数を使って

$$\psi(z, t) = \cos\left[2\pi\left(\dfrac{z}{\lambda} - \nu t\right)\right] \quad (1.4)$$

と表される．このような実数の関数を使っても以下の計算はそのまま実行できるが ([問題 1.3])，実際には，以下に示すように，複素数の形

$$\psi(z, t) = \exp\left[2\pi i\left(\dfrac{z}{\lambda} - \nu t\right)\right] \quad (1.5)$$

を使う方が，計算が簡単である．スリット S_1, S_2 を出た光がスクリーンに到達したときの点 P における振幅は，(1.5) において，光の進んだ距離 z のところに L_1, L_2 を代入することにより得られ，

$$\left. \begin{array}{l} \psi_1 = \exp\left[2\pi i\left(\dfrac{L_1}{\lambda} - \nu t\right)\right] \\[2mm] \psi_2 = \exp\left[2\pi i\left(\dfrac{L_2}{\lambda} - \nu t\right)\right] \end{array} \right\} \quad (1.6)$$

となる．この2つの振幅を重ね合わせて得られる

$$\psi(y) = \psi_1 + \psi_2 \tag{1.7}$$

が，合成された光の振幅を与える．いささか天下りではあるが，これの絶対値の 2 乗をとったもの

$$I(y) = |\psi(y)|^2 \tag{1.8}$$

が，実際に観測される光の強度にほかならない．これにより，光の強度をスクリーン上の位置 y の関数として求めることができる．(1.7) を (1.8) に代入すれば，

$$\begin{aligned} I(y) &= (\psi_1{}^* + \psi_2{}^*)(\psi_1 + \psi_2) \\ &= |\psi_1|^2 + |\psi_2|^2 + \psi_1{}^*\psi_2 + \psi_2{}^*\psi_1 \\ &= 1 + 1 + \exp\left(2\pi\mathrm{i}\,\frac{L_2 - L_1}{\lambda}\right) + \exp\left(2\pi\mathrm{i}\,\frac{L_1 - L_2}{\lambda}\right) \end{aligned}$$

となる．ここでオイラーの公式

$$\mathrm{e}^{\pm\mathrm{i}\theta} = \cos\theta \pm \mathrm{i}\sin\theta$$

を思い出して

$$\mathrm{e}^{\mathrm{i}\theta} + \mathrm{e}^{-\mathrm{i}\theta} = 2\cos\theta$$

となることを使うと，右辺を

$$I(y) = 2 + 2\cos\left(2\pi\,\frac{L_2 - L_1}{\lambda}\right) \tag{1.9}$$

という形にまとめることができる．この関数は，確かに (1.1) が満たされるときに最大値 4 をとり，(1.2) が満たされるときに最小値 0 をとる．

実際の実験条件では L が y や d に比べてずっと大きいので，L_1 も L_2 もどちらもほとんど L に等しい．したがって，

$$L_2 - L_1 = \frac{L_2{}^2 - L_1{}^2}{L_2 + L_1} = \frac{2yd}{L_2 + L_1} \tag{1.10}$$

と変形した式において，右辺の分母の L_1, L_2 を L で置きかえる近似が許される．この結果，(1.9) は良い近似で

$$I(y) = 2 + 2\cos\left(\frac{2\pi yd}{L\lambda}\right) \tag{1.11}$$

となる．こうして，スクリーン上には等しい間隔 $L\lambda/d$ の縞模様が現れる．

 **複素数の絶対値**

量子力学では，複素数 z の絶対値の 2 乗 $|z|^2$ を計算する必要がときどき発生する．複素数 z をその実部 x と虚部 y に分けて
$$z = x + \mathrm{i}y$$
と書けば
$$|z|^2 = x^2 + y^2 \qquad [\mathrm{A}]$$
が成り立つから，いつでもこれを使えば $|z|^2$ を計算できる．

ところで，$|z|^2$ を計算するには，もうひとつの方法がある．上の z にその共役複素数
$$z^* = x - \mathrm{i}y$$
を掛けて，
$$|z|^2 = z^* z \qquad [\mathrm{B}]$$
により計算することもできる．

問題は，[A] と [B] のどちらを使うと便利かという点にある．ちょっと見ると，[A] の方が直接的で簡単そうに見えるのだが，実はそうではない．物理の問題では，[B] を使う方が簡単なのである．本書でも，(1.9) を導くところでは [B] を使った．[A] の方法しか知らなかった人は，(1.9) を [A] のやり方で導くとどうなるかを考えてみるとよい．

[**問題 1.1**] 上に述べたヤングの干渉実験では，2 個のスリットの幅が同じであると考えている．したがって，(1.6) の ψ_1 と ψ_2 は絶対値が等しくなっている．この実験で，スリット S_1 の幅が S_2 の幅の 4 倍の場合を考えてみよう．この場合，それぞれのスリットから独立に出ていく光の強度
$$I_1 = |\psi_1|^2, \qquad I_2 = |\psi_2|^2$$
の比は $I_1/I_2 = 4$ となる．したがって，スリットの幅が等しい場合と比べて ψ_1 が $\sqrt{4}$ 倍になったものとして考えればよい．スクリーン上の干渉図形はどうなる

か？結果をグラフにスケッチせよ．スリット幅が等しい場合との大きな違いは何か？

[**問題 1.2**] 現実の実験では，2 個のスリットの幅をぴったり等しくすることは不可能である．スリット S_1 の幅が S_2 の幅の a 倍のとき，光の強度の最大値 I_{max} と最小値 I_{min} の比を求めよ．

$a = 100$ とすると，2 個のスリットを通る光の強さは 100 倍違うことになる．そのときにはもはや干渉がほとんど見られないだろうか？

[**問題 1.3**] 物理に現れる計算は，たいていは実数の計算だけで済ますことができる．それは，実験で観測できる量がすべて実数だからである．複素数を使うとすれば，それは，計算を簡略にするための便宜的手段にすぎない．上の計算もそのひとつの例である．複素数の変位 (1.5) ではなしに，実数の変位 (1.4) を使っても，実質的には同等の結果が得られるはずである．このことを示せ．

実数の変位を使うと，得られる光の強度 $I(y)$ が時間の関数として激しく振動する．実験で観測される強度は，これを 1 周期の時間について平均した量である．

[**問題 1.4**] 次の複素数 z の絶対値の 2 乗 $|z|^2$ を求めよ．ただし，θ は実数である．

(1) $z = 2 + e^{i\theta}$

(2) $z = \dfrac{e^{2i\theta} - 1}{e^{2i\theta} + 1}$

[**問題 1.5**] a, b, x, y をすべて実数として，複素数
$$z = ae^{ix} + be^{iy}$$
の絶対値の 2 乗を求めよ．

[**問題 1.6**] 複素数 A, B に対して $|A + B|^2$ を求めよ．

[**問題 1.7**] オイラーの公式
$$e^{\pm i\theta} = \cos\theta \pm i\sin\theta$$
に慣れていない読者は，以下の手順により，これが成り立つことを確かめよ．

(1) 変数 θ の関数 $f(\theta)$ を
$$f(\theta) = \cos\theta + i\sin\theta$$

と定義する．この $f(\theta)$ を θ について微分して

$$\frac{df}{d\theta} = if$$

が成り立つことを示せ．

（2） 上の微分方程式を解いて，$f(\theta)$ を求めよ．積分定数の値は，初期条件 $f(0) = 1$ により決めればよい．

（3） 同じ手順により，$\cos\theta - i\sin\theta$ が $e^{-i\theta}$ に等しいことを示せ．

 ヤングと光の波動性

　光の研究の歴史をたどってみると，最初に大きな一歩を踏み出したのはニュートンである．反射望遠鏡の発明やプリズムによる光の分解がよく知られている．
　光を素朴に観察すれば，直進するという際立った性質があるので，光を何となく粒子であると考えるのは自然なことだったろう．ニュートンは，その著書 *Opticks* (1704) の中で，光が波ではなく (Qu.28) 粒子である (Qu.29) という考えを述べた．ヤング (1773 - 1829) の時代には，光が粒子であるという考えが，ニュートンの権威と強く結びつけられていたようである．
　ヤングは医学者であったが，目の構造に興味を抱き，乱視と色覚の研究から光そのものの研究に進んだ．光の波動性に関する研究は 1801 - 1804 年に行われた．2個のスリットを通った光が干渉する実験は，今では高等学校の教科書にも載っている有名な実験である．現在のわれわれから見れば，これは光の波動性を裏づける重要な実験事実である．けれども，ヤングの主張する波動説は当時の学界には受け入れられなかった．ヤングは，波動説が実験に基づく事実であって，ニュートンリングのような現象も波動説により見事に説明できることを主張したが，厳しい非難にさらされた．当時のイギリスではニュートンの権威は絶大だった．
　このため，ヤングは物理の研究をやめ，1799 年に発見されたばかりのロゼッタ石に刻まれた古代エジプト文字（ヒエログリフ）の解読に転進した．そして，部分的な成功を収めた（完全な解読はシャンポリオンによる）．十数年後，フランスのフレネルが光の波動性を独立に確証し，これによってヤングの名誉が回復された．
　後にマクスウェルの電磁気学の理論が完成し，光が電磁波の一種であることが確立するに及んで，光の波動性はゆるぎないものとなった．

§1.2 光の粒子性

　光が波であることは実験により十分に裏づけられた事実であるが，20世紀に入って，光は粒子でもあると考えられるようになった．これを鮮明かつ大胆な形で主張したのが，アインシュタインの光量子仮説である．

　この仮説は，振動数 ν の光が，エネルギー

$$\varepsilon = h\nu \tag{1.12}$$

をもった独立な粒子（光量子，光子，フォトン）から成ると主張する．ここに，h はプランク定数とよばれる普遍定数

$$h = 6.626\,069 \times 10^{-34}\,\text{J·s}$$

である．振動数 ν の代りに角振動数

$$\omega = 2\pi\nu \tag{1.13}$$

を使えば，

$$\varepsilon = \hbar\omega \tag{1.14}$$

とも書ける．$\hbar$ はプランク定数を 2π で割った量

$$\hbar = \frac{h}{2\pi} = 1.054\,572 \times 10^{-34}\,\text{J·s}$$

であり，"エイチ・バー"と読む．

　今日でも，これはアインシュタインの呼称にならってそのまま"仮説"とよばれることが多いが，実際には実験により確定した事実であるから，現在では仮説ではない．

　光子という粒子を認めると，その運動量 p は，光の波長 λ と

$$p = \frac{h}{\lambda} \tag{1.15}$$

という関係で結ばれることになる．なぜなら，後に第2章（[問題 2.7]）でわかるように，光速度 c で動く粒子については，エネルギーと運動量の間に，

§1.2 光の粒子性

$$\varepsilon = cp \tag{1.16}$$

という関係が成り立つからである．おもしろいことに，(1.15) は，後に出てくるド・ブロイの関係 (1.18) と同形である．

光子説によれば，コンプトン効果や光電効果という現象を容易に理解できる．コンプトン効果をきちんと説明するには相対論が必要だから，ここでは，わかりやすい光電効果をとり上げて説明しよう．

光電効果は，金属に光を当てたときに電子が飛び出してくる現象である．金属というのは，たとえて言えば，自由電子をその中にたたえた湖のようなものである（図 1.3）．図中の W は，地面から測った湖面の水位に相当し，仕事関数とよばれる．金属の中の電子を外に取り出そうとすれば，少なくとも W だけのエネルギーを与える必要がある．このエネルギーを光によって与えるならば，飛び出してくる電子の運動エネルギー $\frac{1}{2}mv^2$ の最大値は

$$\left(\frac{1}{2}mv^2\right)_{\max} = h\nu - W \tag{1.17}$$

となるはずである．右辺の第 1 項は光子 1 個のもつエネルギーであり，これから仕事関数 W を差し引いたものが電子の運動エネルギーになる．

アインシュタインの式 (1.17) はエネルギーの保存を意味しており，これが実験により検証されれば，アインシュタンの提案した"光子"という描像

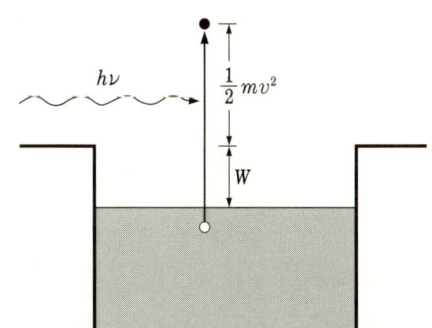

図 1.3 光電効果の説明．振動数 ν の光を金属に当てると，運動エネルギー $mv^2/2$ をもった電子が金属から飛び出してくる．

が正しいことは，ほとんど疑いないように見える．特に，高等学校から物理を学んでいて，「光電効果なんかよく知っている」という多くの読者にとっては，そうであろう．しかし，物理の歴史はそんなに単純なものではなかった．これについては別記コラムを読んでほしい．

光電効果は光の粒子性をなるほど感じさせるが，慎重に考えるならば，それは「エネルギーのやりとりが $h\nu$ という単位で行われる」という意味であって，光を電子と同じような意味で粒子と考えてよいかどうかには強い疑問が残されていた．

この疑問は，コンプトン効果のくわしい実験により払拭された．この実験では，X線（波長の極めて短い光）をほぼ静止した電子にぶつける．ぶつかることによりX線の波長が変化する ―― というのがコンプトン効果である．光子という描像にしたがえば，X線は (1.12) で与えられるエネルギー $h\nu$ と (1.15) で与えられる運動量 h/λ とをもった粒子から成る．この粒子が電子と衝突する．衝突の際に，通常の力学の衝突問題と全く同様に（ただし，電子については相対論による取扱いを必要とするが），エネルギーと運動量が保存するとして解析を行うと，その結果は実験とぴったり一致した．X線の波長の変化は，衝突により光子の運動量 (1.15) が変化したことを意味する．

ここにいたって，光子がエネルギーのみならず運動量ももつ粒子であることが確認され，光子の存在が疑いないものとなった．

［**問題 1.8**］ (1.12) と (1.16) を用いて (1.15) を示せ．

［**問題 1.9**］ 仕事関数 W は金属の種類によって決まる定数である．たとえば，ナトリウムの仕事関数は $W = 2.75\,\mathrm{eV}$ である．金属ナトリウムに光を当てて電子が飛び出してくるためには，光の波長はどんな条件を満たさねばならないか？

［**問題 1.10**］ 古典物理学によれば，波の強さは，その振幅の2乗により測られる．したがって，光の強さは，電磁波の振幅の2乗に比例する．つまり，振幅が大きいほど強い光ということになる．それでは，光子という描像にしたがうと，光の

強さ（光のエネルギー）は何によって測られるだろうか？

[問題 1.11] 日焼けとは，紫外線（波長の短い光線）が肌に当たることにより皮膚が黒くなる現象である．日焼けは，光の波動説/粒子説のどちらにより説明できるか？

[問題 1.12] 波長 $\lambda = 0.6\,\mu\mathrm{m}$，強さ $P = 2\,\mathrm{W}$ の光が面積 $A = 1\,\mathrm{cm}^2$ の鏡に当たっている．

（1） 鏡には毎秒何個の光子が入射するか？

（2） 光が鏡により完全反射するとして，鏡におよぼす圧力を求めよ．

§1.3 物質の波動性

光は長いあいだ波であると考えられていた．ところが，光電効果やコンプトン効果などの実験により，粒子でもあると考えざるをえなくなった．つまり，光は「波」であると同時に「粒子」でもあるという二重の性格をもつことが明らかになった．

そして，驚くべきことに，この二重性は物質にもあてはまることが発見された．ここで"物質"とよばれているものの代表が電子である．電子は一定の質量と電荷をもった粒子である．ド・ブロイは，1923 年，相対論に基づく理論的な考察から，運動量 p をもつ粒子が，波長

$$\lambda = \frac{h}{p} \qquad (1.18)$$

をもった波のように振舞うと考えた（ド・ブロイの関係）．そして，光と同様に電子についても干渉が観測できるはずだと主張した．[†] (1.18) の波長 λ は，ド・ブロイ波長とよばれる．

電子の波動性は，1927 年，デヴィスンとガーマーにより偶然に発見され

[†] ド・ブロイの論文は，実験に根拠を置かず，純粋に論理的な思考と洞察に基づいており，あまりにも大胆だった．そのため，審査にあたったランジュバンは，そのコピーをアインシュタインに送って判断を求めたという．

た。† ニッケルの単結晶に電子線を当てると，X線を当てたときのブラッグ反射と同様の回折現象が観測されたのである．そして，ド・ブロイの関係 (1.18) が確認された．

こうして，"物質"もまた波動であることが明らかになり，「物質波」という言葉が誕生した．

[**問題 1.13**] 質量1グラムの粒子が毎秒1センチメートルの速度で動くときのド・ブロイ波長はいくらか？

[**問題 1.14**] デヴィスンとガーマーは，75ボルトの電位差で加速した電子をニッケルの結晶に当てた．この電子のド・ブロイ波長はいくらか？

§1.4 波動性と粒子性の融和

こうして，光も物質も，波であり粒子であるという二重性を備えていることが明らかになった．では，これをどのように理解すればよいだろうか．

われわれの目に触れる世界は，古典物理学の世界である．古典的な粒子は，粒子であって波ではない．粒子であって同時に波であるというようなものは，日常世界には存在しない．それゆえ，二重性を備えた量子的粒子†† を的確に表現する言葉を人間はもたないし，知らない．したがって，こういう量子的な粒子の振舞を深く理解することは非常にむずかしい．

しかし，それは不可能ではない．自然界に起こっている現象が何らかの法則にしたがっているのならば，それを注意深く観察し，論理的思考を積み重ねることにより，理解できるはずである．

ヤングの実験に戻って，光の波動性と粒子性がどう融和されるかを考えてみよう．この場合，スクリーンに観測されるのは光の強度の濃淡である．前

---

† 物理の世界では，重要な発見が意図しない実験でなされることがある．デヴィスンとガーマーの実験は，そのひとつとして有名である．

†† 波動性と粒子性を合わせもつ粒子を，本書では「量子力学にしたがう粒子」という意味で，"量子的粒子"とよぶ．

§1.4 波動性と粒子性の融和　13

節の[問題 1.10]で考えたように，粒子像に立つ場合，光の強さとは光子の個数にほかならない．つまり，明るいところには光子がたくさんやってくる（から明るい）のである．そこで，粒子像と波動像の折り合いがどうつけられるかを見るため，非常に弱い光を使ってヤングの実験をするとどうなるかを見てみよう．

　スクリーンのところには，1個1個の光子を検出できるように，光電管（光電効果を利用して光を検出する装置）をたくさん並べておく．光源から非常に弱い光を送ると，どんな結果が得られるだろうか．光子は光電管のところへポツリポツリとやってくる．

　ここで重要なのは，「光子が粒子として検出される」ということである．つまり，光源から1個の光子が出て，たくさん並べられている光電管のどれかに検出されたとすると，同じ光子が他の光電管で検出されることはない．光子のエネルギーは $h\nu$ という単位で光電管に渡される．光子の一部分だけ

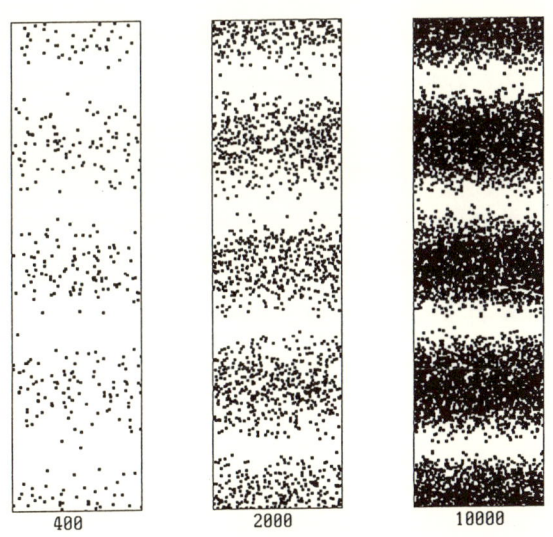

図1.4　弱い光によるヤングの実験のシミュレーション．
　　　数字は，光子の個数を意味する．

（かけら）が観測されることは絶対にない．すなわち，光子の個体性は常に保たれる．

図 1.4 は，この実験の結果をコンピュータ・シミュレーションにより示している．光は光電管にポツリポツリとやってくるが，光源を出た 1 個の光子がどの光電管に検出されるか（スクリーンのどの位置にスポットを作るか）を予測することはできない．このため，光子の総数が少ない場合には，干渉による明暗のパターンは認められない．図 1.4 は，左から順に光子の個数が 400，2000，10000 の場合の結果を示しているが，400 の場合，ある程度干渉縞のようなものが見えているが，まだはっきりとはしていない．光子の数が増えると，干渉縞のパターンは明瞭になり，スポットの分布は，波動像の与える結果

$$I(y) = |\psi(y)|^2 \tag{1.8}$$

に近づいていく．言いかえると，(1.8) は，光子がどこに検出されるかという確率分布を与えることがわかる．

言うまでもないことだが，"確率"という概念の背景には，「測定を多数回行う」という含みがある．測定の回数が少なければ，確率という概念は意味をもたない（もしも読者が当たる確率の極めて低い宝くじを買ったことがあるのなら，このことはよく理解しているはずである）．したがって，少数個の光子で実験した場合の結果については，理論は何も予測することができない．しかし，極めて多数個の光子で実験を行えば，光子の検出位置がどのように分布するかを (1.8) により正確に予測することができる．このように考えると，強い光を用いてヤングの実験を行った場合，波動像と粒子像が同じ結果を与えることが納得できる．

以上の結果は，次のようにまとめることができる：古典力学の場合とは違って，量子的粒子について何かの実験を行った場合，1 個 1 個の粒子についてその結果を予測することはできない．予測できるのは，どういう結果がどういう確率で起こるかということだけである．

こうして，確率という概念を導入することにより，波動像と粒子像の融和が可能になる．

このように考えると，ψ_1 や ψ_2 が表している波は目に見える波（実在波）ではないということになる．絶対値の2乗をとったものが確率を表すので，**確率波**とよばれる．量子論の立場から言えば，ヤングの実験で観測されるのは確率波の干渉だということになる．

[**問題 1.15**]*　裳華房のホームページからダウンロードできるソフトウェアの中のプログラム Young.exe を実行すると，図1.4のシミュレーションをやってみることができる．実行を開始すると，光子の個数をいくつにするかを聞いてくるから，スクロールバーを使って，適当な数を指定する．あとは，スクリーンをクリックして，黙って見ていればよい．光子の個数が少ないうちは干渉が起こっているようには見えないが，その数が増してくるにつれて，だんだんと縞模様がはっきりしてくるのがわかるだろう．光子のスポットが指定した個数に達すると，右側にヒストグラムと (1.9) のグラフとが出て，終りとなる．光子の個数を変えて再実行してみよ．なお，このプログラムでは，図1.2のパラメータとして，次のような数値を採用している．

スリットからスクリーンまでの距離　　$L = 5\,\mathrm{m}$
スリットの間隔　　　　　　　　　　　$d = 0.5\,\mathrm{mm}$
光の波長 (He - Ne レーザー)　　　　 $\lambda = 633\,\mathrm{nm}$

[**問題 1.16**]　弱い光を使ってヤングの実験を行うとどのような結果が得られるかを述べよ（この問題は，理解の確認のためである）．

§1.5　光子はどちらのスリットを通ったか

ここまでの話で，確率という考え方を導入すれば，粒子像と波動像が つじつまの合う形で理解できることがわかった．

しかし，ヤングの実験には素朴な疑問がもう一つ残されている．「それにしても，光子は一体どちらのスリットを通ったのだろうか」という疑問であ

る．この疑問に対して，読者が期待するような意味での明快な答は無いのだが，量子力学の考え方になじむのに役立つので，行きがかり上これに触れておこう．

1個の光子が光源を出て，スクリーン上のどこかに検出される．このとき，われわれの日常の常識にしたがえば，光子が不可分の粒子なのであるから，次の2通りの可能性しか考えられない．

[1] 光子はスリット S_1 を通った．
[2] 光子はスリット S_2 を通った．

これ以外に粒子が通って行く通り方は無い ―― と考えるのが，古典物理学の考え方である．けれども，そう考えたのでは，干渉という現象を説明できない．

量子論の論理で重要なのは，「光子がスリット S_1 を通った」と主張できるためには，そのことが実験により確かめられていなければならない．実験を行わずに [1] または [2] のどちらかであると主張することは，許されない．そして，このどちらかであることが確定している場合には，干渉は観測されない ―― というのが実験事実である．したがって，粒子により干渉が起こっている以上，

[3] 光子は上の2つ以外の通り方でスリットを通った．

という第3の可能性を認めざるをえない．それが具体的にどのように精妙な通り方であるかを知ることができた人は，誰もいない．量子力学の理論は，このように常識的にはありえない可能性も許すように，数学の助けをかりて巧みに構成されている．と言っても，別にむずかしい数学が必要なのではない．第3の通り方を数学的に表現しているのは，

$$\psi(y) = \psi_1 + \psi_2 \qquad (1.7)$$

である．

光子がどちらのスリットを通ろうとしているかを確かめようと実験を行えば，その結果，[1] または [2] のどちらかであることはわかる．しかし，

同時にその測定は光子の状態を変化させ，[3] の可能性を排除する結果となる．古典物理学とちがって，量子力学の世界では，測定を行うことにより，測定の対象である量子的粒子の状態が変化してしまうのである．

アインシュタインと光の粒子性

アインシュタインは 1905 年に 6 つの論文を発表した．そのうちの 3 つは，いずれも独立にノーベル賞の対象となりうるような価値の高いものであった．相対性理論，ブラウン運動の理論，光子仮説の 3 つである．

このうち，光子仮説は物議を醸した．光が波であることは多くの実験により確かめられており，マクスウェルの電磁気学によっても裏づけられていたから，光が粒子であるとは到底考えにくかったのである．多くの物理学者が (実験家も理論家も) アインシュタインの考えに異議を唱えた．たとえば，プランクの輻射公式はアインシュタインの光子説を使って統計力学によりきれいに導き出されるが，プランク自身が光子説に反対した．また，アメリカの実験物理学者ミリカンは，アインシュタインの光電効果の式

$$\left(\frac{1}{2}mv^2\right)_{\max} = h\nu - W \tag{1.17}$$

がどの程度正しく成り立つかを長期にわたる実験により調べた．その結果，ミリカンはこれが非常によく成り立つことを確認し，この式そのものが正しいことは認めたが，光が粒子であることを受け入れようとはせず，「アインシュタインの式は見かけ上完全に成功しているが，アインシュタイン自身も光子説にはもはや執着していないだろう」とさえ書いている．

アインシュタインは，コンプトン効果が発見される直前の 1922 年にノーベル賞を受賞した．受賞の理由は，「理論物理学の諸研究とくに光電効果の法則の発見」となっている．つまり，上の式を発見したことに対してノーベル賞が授与されたのであって，光子説が受賞の対象とはなっていない．このことから，当時の物理学者が光電効果と光子説を別のものとしてはっきり区別しており，「光子」という考えを公認していなかったことが理解できよう．

アインシュタインの式はエネルギーの保存を表しているが，光子という描像を使わずに波動像だけでこれを理解しようとすると，かなり苦しいことは事実である．その結果，エネルギーと運動量の保存則は素過程について成り立つのではなく，統計的に成り立つのだ（すなわち，たくさんの過程について加えれば成り立つ）という説をボーアが提唱した．エネルギー保存とか運動量保存のような基本的な保存則がミクロの世界では成り立たない——一流の物理学者3人がそう考えざるをえなかったという歴史の事実に，自然の論理と人間の論理の間の大きな隔たりを見ることができる．

　光が粒子として振舞うことを疑いない事実として万人が受け入れざるをえなくなったのは，コンプトンの実験（1923年）による．この実験では，光が一定の運動量とエネルギーをもつ粒子として電子と衝突する．エネルギーと運動量の保存は，もちろん，素過程について成り立つことが明らかにされた．こうして，「仮説」がようやく真理として認められるようになった．

　多くの物理の教科書では，光電効果の実験を説明するためにアインシュタインが光子仮説を提案し，直ちにそれが世界中に認められたかのような書き方をしているが，それは歴史の事実に反する．実際には，その間に $1923-1905=18$ 年の歳月が必要だった．アインシュタインが光子仮説を唱えた時点では，光電効果の実験は，実験者によりまちまちであった．だからこそ，ミリカンの精密な追試実験が必要だった．ミリカンの実験の後でも光子説が受け入れられなかったとは，今では想像を絶することだが，これが物理の歴史の現実である．物理の教科書が（本書も含めて）どれも徹底した勝者史観（勝者の立場だけから歴史を見ること）に貫かれていることは，注目に値する．

　参考文献：　A. パイス：「神は老獪にして…（'*Subtle is the Lord* …'）」（産業図書，原著1982）

❖❖❖

2 解析力学の復習

　量子力学は古典力学と異なる独自の法則性をもっているが，それでもいくつかの接点を通して古典力学とつながっている．特に，理論形式のつながりという点で，古典物理学と量子物理学をつなぐ重要な役割を果たすのが，解析力学である．したがって，量子論の理解をお話だけで済ませようという人は別にして，きちんと学習しようと思うなら，たとえ表面的にではあっても，解析力学を理解している必要がある．これは，量子力学の学習を始めるための重要な前提である．

　本章の目的は，量子力学を学ぶ上で必要な解析力学のおさらいをすることにある．これまで解析力学に触れる機会がなかった読者にとっても，なにがしかの役に立つことだろう．

　解析力学（あるいは力学）の講義を真面目になさっておられる先生方には申し訳ないが，率直に言うと，ここに書かれている程度のことを表面的に理解していて使えるならば，量子力学の学習には事欠かない．したがって，この章に関する限り，「なぜそうなっているのか」というように深く考えず，天下りにそうなっていると受け止めてもらえば，それで十分である．深い疑問を感じた読者は，本来の解析力学に戻って復習していただきたい．

§2.1 一般化座標とラグランジアン

　一般化座標とは，普通に座標とよばれているものを一般化したものである．たとえば，質量 m の物体がバネ定数 k のバネにつながれた調和振動子（力学では"単振動"とよぶのが普通である）の場合には，物体の変位 x がそのまま一般化座標である．また，図 2.1 に示すような振り子の場合には，

2. 解析力学の復習

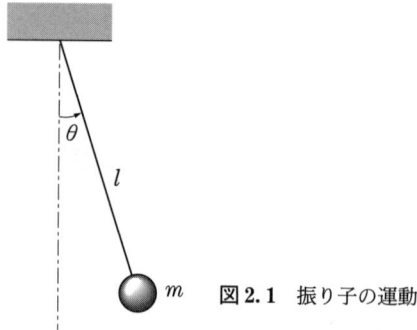

図 2.1 振り子の運動

長さ l の糸の鉛直線から測った傾き角 θ が一般化座標である．このように，一般化座標は，考えている物理系の変位状態を記述するために使われる．自由度の数が 2 以上の系では 2 個以上の一般化座標を使うことになるが，この章では簡単のために自由度が 1 の場合だけを取扱う．

一般化座標 q とその時間微分 $\dot{q}$ を使うと，系の運動エネルギー T とポテンシャルエネルギーを表すことができる：

$$T = T(q, \dot{q})$$
$$V = V(q, \dot{q})$$

これらの量は，問題によっては，時間 t を陽に含むこともある．この 2 つの量の差として，ラグランジアンとよばれる量 L が定義される．

$$L = T - V \tag{2.1}$$

この右辺が和 (+) ではなくて差 (−) であることは，正確に記憶する必要がある．上の定義から明らかなように，ラグランジアン L は q と $\dot{q}$ を独立変数とする関数 $L(q, \dot{q})$ である．

［例題］ 調和振動子のラグランジアンを示せ．

［解］ 運動エネルギーは $T = \frac{1}{2} m\dot{x}^2$ であり，ポテンシャルエネルギーは $V = \frac{1}{2} kx^2$ であるから，ラグランジアンは

$$L = \frac{1}{2}m\dot{x}^2 - \frac{1}{2}kx^2 \tag{2.2}$$

となる．単振動の角振動数 ω は

$$\omega = \sqrt{\frac{k}{m}} \tag{2.3}$$

により与えられるから，(2.2) は

$$L = \frac{1}{2}m\dot{x}^2 - \frac{1}{2}m\omega^2 x^2 \tag{2.4}$$

とも書ける．"調和振動子"という呼び名を使うときには，(2.4) の形がよく使われる．

[**問題 2.1**] 長さ l，質量 m の振り子についてラグランジアンを示せ．

§2.2　一般化運動量

解析力学の標準コースでは，ラグランジアンからラグランジュ運動方程式

$$\frac{\mathrm{d}}{\mathrm{d}t}\left(\frac{\partial L}{\partial \dot{q}}\right) - \frac{\partial L}{\partial q} = 0 \tag{2.5}$$

へ進む．ラグランジュ運動方程式 (2.5) を使って力学の問題を解くことは，解析力学の重要な部分を占める．これができなければ，力学を学んだと言うことはできない．けれども，量子力学を学ぶうえでは，ラグランジュ運動方程式は全く必要がない（だから，知らなくてもよい）．また，ラグランジュ運動方程式はハミルトンの原理から導かれるが，それも知っている必要はない．

ラグランジアン L を一般化座標 q の時間微分 $\dot{q}$ について偏微分して得られる量

$$p \equiv \frac{\partial L}{\partial \dot{q}} \tag{2.6}$$

を，一般化座標 q に正準共役な一般化運動量という．

念のためにつけ加えると，(2.6) では q を定数とみなして $\dot{q}$ について偏微分する．q と $\dot{q}$ は本来は時間微分により結ばれた変数であるが，(2.6) で

は，そのことを一時忘れて，単純に偏微分すればよい．

　[例題]　調和振動子の場合について，一般化運動量を求めよ．

　[解]　運動量の定義(2.6)にしたがって，ラグランジアン(2.4)を速度 $\dot{x}$ について偏微分すると

$$p = m\dot{x} \tag{2.7}$$

となる．上にも注意したように，このとき x を定数とみなして偏微分する．(2.7)の右辺は（質量）×（速度）となっていて，普通の意味の運動量に一致する．

　[問題2.2]　振り子の場合について一般化運動量を求めよ．この場合の一般化運動量の物理的意味は何か？

§2.3　ハミルトニアン

　一般化座標 q，一般化運動量 p，ラグランジアン L から

$$H = \dot{q}p - L \tag{2.8}$$

により定義される量 H をハミルトニアンという．ハミルトニアンは量子力学で重要な役割を演ずる．したがって，与えられた物理系に対してこれまでに述べた解析力学の手順にしたがってハミルトニアンを構成する作業は重要である．

　ラグランジアン L の独立変数は $\dot{q}$ と q であったが，ハミルトニアン H の独立変数は p と q である．それゆえ，ハミルトン形式の力学では（したがって，量子力学でも），速度 $\dot{q}$ は表舞台から降り，代って運動量 p が主役を演ずる．

　ハミルトニアン H を構成する手順をこれまでに述べたが，これを流れ図にまとめると次ページのようになる．

　この流れ図は，最後のステップまで実行する必要がある．すなわち，ハミルトニアンは，一般化座標 q とそれに正準共役な運動量 p を使って表される．$\dot{q}$ のままで止めてはいけない．

§2.4 ハミルトン運動方程式　23

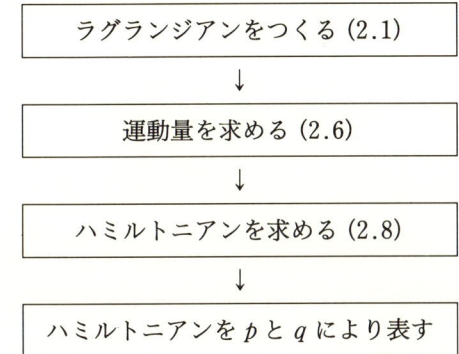

[例題]　調和振動子のハミルトニアンを求めよ．

[解]　ハミルトニアンの定義 (2.8) により

$$H = \dot{x}p - L$$

である．ここへ (2.7) と (2.4) を代入すれば

$$H = m\dot{x}^2 - \left(\frac{1}{2}m\dot{x}^2 - \frac{1}{2}m\omega^2 x^2\right)$$

となるが，上に注意したように，ハミルトニアンの独立変数は p と x であるから，(2.7) により $\dot{x} = p/m$ と置きかえて

$$H = \frac{1}{2m}p^2 + \frac{1}{2}m\omega^2 x^2 \tag{2.9}$$

を得る．右辺の第1項は運動エネルギー，第2項はポテンシャルエネルギーである．この例からわかるように，ハミルトニアン H は，一般に体系の力学的エネルギーを表す．

[問題 2.3]　振り子の場合について，ハミルトニアンを求めよ．

§2.4　ハミルトン運動方程式

互いに正準共役な一般化座標 q と一般化運動量 p の関数としてハミルトニアン $H(p, q)$ が与えられているとき，系の運動方程式は

24　2. 解析力学の復習

$$\left.\begin{array}{l}\dfrac{dq}{dt} = \dfrac{\partial H}{\partial p} \\[6pt] \dfrac{dp}{dt} = -\dfrac{\partial H}{\partial q}\end{array}\right\} \qquad (2.10)$$

により与えられる．これを，ハミルトン運動方程式，あるいは正準方程式という．

　右辺の偏微分についての注意は先ほどと同じである．すなわち，pについて偏微分するときにはqを定数と考える．その反対も同じである．本来はpとqは互いに関連する力学変数であるが，(2.10)の偏微分では，そのことを一時忘れて単純に偏微分すればよい．

　[**例題**]　調和振動子について，ハミルトニアンから運動方程式を導け．
　[**解**]　調和振動子のハミルトニアン(2.9)を正準方程式(2.10)に使うと，

$$\left.\begin{array}{l}\dfrac{dx}{dt} = \dfrac{p}{m} \\[6pt] \dfrac{dp}{dt} = -m\omega^2 x\end{array}\right\} \qquad (2.11)$$

が得られる．この2つの式から運動量pを消去すれば，よく知られた単振動の運動方程式

$$\dfrac{d^2 x}{dt^2} + \omega^2 x = 0 \qquad (2.12)$$

が得られる．

　[**問題 2.4**]　同様にして，振り子の運動方程式を導け．

§2.5　ポアソン括弧式

　解析力学といっても，以上のような程度のことがのみ込めていて，問題がすらすら解けるなら，量子力学の学習にさしあたり不便はない．しかし，量子力学の学習がある程度進むと，ポアソン括弧式も意外に重要だということに自然に気がつくようになる．そこで，ポアソン括弧式もここでついでに復習しておこう．

F, G を任意の力学変数として,

$$[F, \ G] \equiv \frac{\partial F}{\partial q}\frac{\partial G}{\partial p} - \frac{\partial G}{\partial q}\frac{\partial F}{\partial p} \tag{2.13}$$

をポアソン括弧式という.ここでは,F, G が p, q を独立変数とする関数であると考えている.

この定義によれば,

$$\left.\begin{array}{l} [p, \ p] = 0 \\ [q, \ q] = 0 \\ [q, \ p] = 1 \end{array}\right\} \tag{2.14}$$

となることが容易に確かめられる.量子力学との関連で重要なのは,<u>互いに正準共役な力学変数のポアソン括弧式が1になる</u>という事実である.このことが量子力学でどんな意味をもつかは§9.2で明らかになる.

[**問題 2.5**] 上に述べたように,ラグランジアン L の独立変数は q と $\dot{q}$ であり,ハミルトニアンの独立変数は q と p である.この点について何となく腑に落ちない感じがしている読者は,以下の問題を考えてみるとよい.

一般の問題について話を進めてもよいのだが,わかりやすいように,調和振動子を例として考えてみよう.

(1) 一般に,独立変数 x, y の関数 $f(x,y)$ の全微分は,x の微分 dx と y の微分 dy を使って

$$\mathrm{d}f = \frac{\partial f}{\partial x}\mathrm{d}x + \frac{\partial f}{\partial y}\mathrm{d}y \tag{2.15}$$

と表すことができる.調和振動子のラグランジアン (2.4) の全微分の式を示せ.

(2) ハミルトニアン H は (2.8) により

$$H = \dot{x}p - L$$

と定義されるから,その微分 dH は

$$\mathrm{d}H = \mathrm{d}(\dot{x}p) - \mathrm{d}L$$

により計算できる.これを計算して,dH が

$$\mathrm{d}H = \dot{x}\,\mathrm{d}p - F\,\mathrm{d}x \tag{2.16}$$

という形に表せることを示せ．

（3）(2.16) は，ハミルトンの正準方程式 (2.10) とどんな関係にあるか？

[**問題 2.6**](電磁場中の荷電粒子)　質量 m，電荷 e をもつ粒子のラグランジアン L は，位置 r と速度 v の関数として

$$L = \frac{1}{2} mv^2 + e\boldsymbol{v}\cdot\boldsymbol{A}(\boldsymbol{r}) - e\phi(\boldsymbol{r}) \tag{2.17}$$

により与えられる．このとき，ハミルトニアン

$$H = \boldsymbol{v}\cdot\boldsymbol{p} - L \tag{2.18a}$$

が

$$H = \frac{1}{2m}(\boldsymbol{p} - e\boldsymbol{A})^2 + e\phi \tag{2.18b}$$

となることを示せ．

このハミルトニアンは，電磁場中に置かれた荷電粒子の運動を記述する．ここで，$\boldsymbol{A}$ はベクトルポテンシャル，ϕ はスカラーポテンシャルとよばれる．電磁場中の荷電粒子の運動を量子力学により扱うときには，このハミルトニアンが出発点になる．

[**問題 2.7**](相対論の場合)　§2.1 に示したラグランジアンの式は，非相対論で成り立つ式である．粒子の速度 v が光速度 c に比べて無視できないくらい大きい場合には，相対論を使う必要がある．天下りではあるが，相対論でのラグランジアンは

$$L = -mc^2\sqrt{1 - \frac{v^2}{c^2}} \tag{2.19}$$

で与えられる．ここでは，ポテンシャルエネルギー V を考えていない．すなわち，(2.19) は質量 m の自由な粒子について成り立つ式である．また，(2.19) は 3 次元の運動について成り立つ式であるが，以下の設問では，簡単のため 1 次元の運動を考える（すなわち，v をスカラー量と考える）．

（1）上のラグランジアンには，非相対論のときの運動エネルギー $\frac{1}{2}mv^2$ がどのような形で含まれているだろうか．これを見るために非相対論の近似

$$\frac{v}{c} \ll 1$$

を (2.19) に対して行え.

（2） ラグランジアン (2.19) を用いて，(2.6) により，座標 x に正準共役な運動量 p を求めよ．

（3） ハミルトニアンが

$$H = \sqrt{m^2 c^4 + c^2 p^2} \tag{2.20}$$

で与えられることを示せ．

（4） 前問の結果に対して非相対論の近似を行うとどうなるか？

（5） 質量 m が 0 の粒子では

$$H = cp \tag{2.21}$$

となることを示せ．質量が 0 の粒子としては，光子（フォトン）が挙げられる．

（6） 質量が 0 の粒子の速度は常に光速度 c に等しくて，運動量 p に依存しないことを示せ．

[問題 2.8] これまでに出てきた数式に関する限り，光子と電子にはどのような共通点と相違点があるか？

[問題 2.9]（コンプトン効果） 上の問題で得られた結果を使って，1 次元の場合についてコンプトン効果を調べてみよう．

コンプトン効果では，運動量 p をもった光子が静止した電子（その質量は m）に衝突する（図 2.2）．この衝突により電子は運動量 P を得る．光子は跳ね返って，その運動量は p' となる．

（1） 運動量の保存により，どういう式が成り立つか？

（2） エネルギーの保存により，どういう式が成り立つか？ ただし，ここで

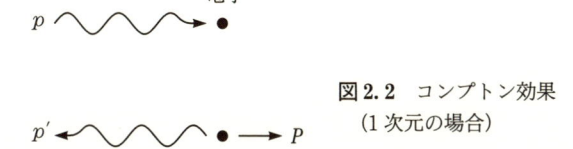

図 2.2 コンプトン効果
（1 次元の場合）

は電子のエネルギーとして，相対論の形 (2.20) を使え．

（3） この 2 つの式から電子の運動量 P を消去することにより

$$mc(p - p') = 2pp' \tag{2.22}$$

を示せ．

（4） このとき，光子の波長 λ の変化が

$$\lambda' - \lambda = \frac{2h}{mc} \tag{2.23}$$

であることを示せ．

[**問題 2.10**] ポアソン括弧式に対して，以下の関係が成り立つことを示せ．

$$[p, q] = -1 \tag{2.24}$$

$$[p, F(q)] = -\frac{dF(q)}{dq} \tag{2.25}$$

$$[q, G(p)] = \frac{dG(p)}{dp} \tag{2.26}$$

[**問題 2.11**] 運動方程式 (2.10) が，ポアソン括弧式により

$$\left. \begin{aligned} \frac{dq}{dt} &= [q, H] \\ \frac{dp}{dt} &= [p, H] \end{aligned} \right\} \tag{2.27}$$

と書けることを示せ．

[**問題 2.12**] 質量 m の物体が重力加速度 g の重力場の中を自由落下する運動について，鉛直上向き方向にその高さ z を測るものとして

（1） ラグランジアンを示せ．

ラグランジアンを表すのに使われる変数は何か？

（2） ハミルトニアンを示せ．

ハミルトニアンを表すのに使われる変数は何か？

（3） ハミルトンの運動方程式を用いて，この場合の運動方程式を導け．

3 不確定性関係

　不確定性関係（または不確定性原理）は，1927年，ハイゼンベルクにより提唱された．何年に誰がどうこうしたというのはどうでもよいことかもしれないが，量子力学は1925年に既に成立していた．その2年後にハイゼンベルクが不確定性関係の重要さに気づいたのである．こういうことは物理の歴史では珍しい．量子力学の数学的形式ができ上がってから，後になってその物理的意味づけがなされたのだ．
　こういう時間の順序から学ぶことは二つある．一つは，量子力学を理解する上で数学が非常に重要だということである．数学の理解力と計算力が低ければ，量子力学もそれなりに終ってしまう．
　もう一つは，不確定性関係の理解である．現在の量子力学の教科書では，不確定性関係の重要さに鑑みて，これを教科書の冒頭に書くのが普通になっている．けれども，量子力学についてほとんど何も知らないうちに"思考実験"などと言われても，ハイゼンベルクさえ後になって気がついたようなことが，すんなり頭に入るとは思えない．だから，不確定性関係については初めに一通り学んだら，わかってもわからなくても先へ進み，後はハイゼンベルクと同じ順序にするというのがよいだろう．

§3.1　不確定性関係とは

　不確定性関係は，不確定性原理ともよばれ，量子力学を支える基本的な原理と考えられている．ここでは，不確定性関係がなぜ成り立つかという理由は後回しにして（§3.4），不確定性関係とは何かをまず説明しよう．
　位置 x の不確定性 Δx と運動量 p の不確定性 Δp の間には

3. 不確定性関係

$$\Delta x \, \Delta p \gtrsim \hbar \tag{3.1}$$

という関係が成り立つ．これを**不確定性関係**という．右辺の $\hbar$ はプランク定数 h を 2π で割ったものである．$\hbar$ は非常に小さな定数であるが，0 ではない．この式については，使われている記号の意味を含めて，いろいろの説明が必要である．不確定性と不確定性の積が不等式を満たすという関係は，すぐに頭に入らなくて当然である．

まず，"不確定性" というのが慣れない用語であって，説明を要する．位置 x の**不確定性** Δx とは，ある与えられた（量子力学的）状態にある粒子の位置座標 x を多数回測定したときの測定値のバラツキである．運動量 p の不確定性 Δp とは，それと同じ状態にある粒子の運動量 p を多数回測定したときの測定値のバラツキである．

本書の読者なら，実験データを整理して標準偏差を求める作業をした経験があるに違いない．その標準偏差がすなわち，ここで言う "不確定性" である．このように，「同一の実験条件の下で多数回測定したときの測定値のバラツキ」が "不確定性" である．† 慣れない用語だとは思うが，その意味を正確に感じとって，使ってほしい．"不確定性" という言葉を使う背後には，"測定を行う" という含みが当然のこととして秘められている．

数式を使って Δx の定義を書けば次のようになる．与えられた量子力学的状態にある粒子に対して，物理量 A を多数回測定したときの平均値を $\langle A \rangle$ と書くことにしよう．このとき，もちろん，x の平均値は $\langle x \rangle$ と表される．位置 x の不確定性 Δx は，その 2 乗が $(x - \langle x \rangle)^2$ の平均値に等しいとして定義される．すなわち，

$$\Delta x \equiv \sqrt{\langle (x - \langle x \rangle)^2 \rangle} \tag{3.2}$$

である．これは，

$$\Delta x = \sqrt{\langle x^2 \rangle - \langle x \rangle^2} \tag{3.3}$$

---

† 実験データのバラツキは測定の誤差によっても発生する．いまは測定の誤差がゼロだと考えている．それでも発生するバラツキが不確定性である．

と書きかえることもできる．なぜなら，
$$(x - \langle x \rangle)^2 = x^2 - 2x\langle x \rangle + \langle x \rangle^2$$
の平均値をとると，$\langle x \rangle$が単なる定数であることに注意して，
$$\langle (x - \langle x \rangle)^2 \rangle = \langle x^2 \rangle - 2\langle x \rangle \langle x \rangle + \langle x \rangle^2$$
$$= \langle x^2 \rangle - \langle x \rangle^2$$
となるからである．

同様に，運動量の不確定性は
$$\Delta p \equiv \sqrt{\langle (p - \langle p \rangle)^2 \rangle} \tag{3.4}$$
$$= \sqrt{\langle p^2 \rangle - \langle p \rangle^2} \tag{3.5}$$
により定義される．

次に，(3.1) で使われている波線つき不等号（≳）の意味を説明しよう．一般に，波線の記号（∼）は，「…の程度の大きさである」と読む．たとえば，
$$\text{原子の大きさ} \sim 10^{-10}\,\text{m}$$
といった具合である．ついでに書いておくと，二重波線の記号（≈）は，「近似的に等しい」と読む（たとえば，$\sqrt{2} \approx 1.4$）．

いまは波線の上に不等号がついているから，(3.1) を

「左辺は右辺より大きいか，または右辺と同じ程度の大きさである」

と読める．もちろん，それで良いのだが，不確定性関係の意味をよく伝えるには，これを

「左辺はいくら小さいとしても$\hbar$の程度にはなりうるが，それより小さいことはありえない．まして，0になることは絶対にない」

と読むのが，良い読み方である．

こういう読み方であるから，(3.1) はおおざっぱな関係である．たとえば，教科書によっては，(3.1) の右辺が$\hbar$ではなしにhとなっているものが

ある．どちらが正しいかなどと議論するのは意味が無い．2π 倍の違いは問題にならないから，どちらも正しいと考えてよい．厳密にはどうなっているかというと，波線つきの不等号（$\gtrsim$）ではなしに，等号つきの不等号（$\geqq$）を使って，

$$\Delta x \, \Delta p \geqq \frac{\hbar}{2} \tag{3.6}$$

が成り立つ（§9.3）．

§3.2　不確定性関係と位相空間

　不確定性関係は，図3.1のようなイメージと重ねて考えると，頭に入りやすい．この図は，横軸に位置 x をとり，縦軸に運動量 p をとったグラフである．このような2次元の平面を一般に**位相空間**とよぶ．位相空間は古典力学や古典統計力学で使われる概念である．人間が頭の中で考えた空間であって，実在する空間ではない．

　古典力学の場合，粒子の位置 x と運動量 p をいくらでも正確に同時測定できる．したがって，粒子の状態は，位相空間内の1点により表すことができる．状態の時間変化にともなって，位相空間内の点が動いていく．

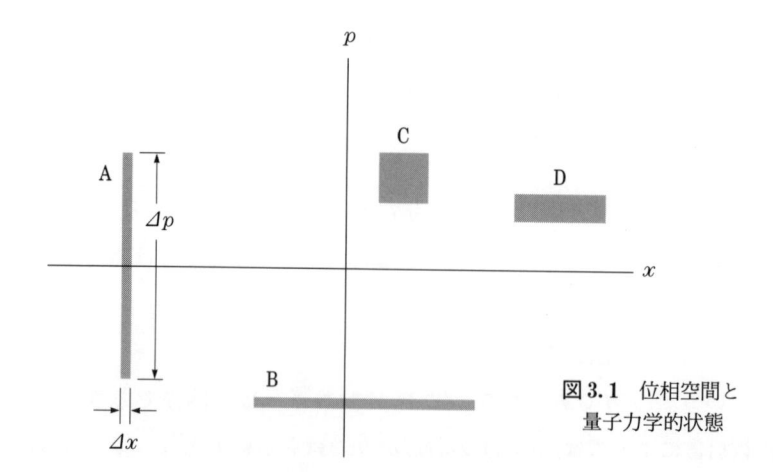

図3.1　位相空間と量子力学的状態

§3.2 不確定性関係と位相空間　33

　量子力学の場合にはこれがどうなっているだろうか．ある与えられた量子力学的状態にいる粒子について，位置 x と運動量 p を測定する．そのとき，それらの測定値は一般に確定した値をとらず，測定のたびに異なる値が得られる．すなわち，平均値からのバラツキがある．そのバラツキの間には (3.1) の関係が成り立つ．右辺は非常に小さい量であるが，0 ではない．したがって，古典力学の場合とは異なり，両者が同時に確定した値をとること ($\Delta x = \Delta p = 0$ となること) はない．

　図 3.1 の A の場合のように，x のバラツキ Δx が非常に小さければ (ある狭い範囲内だけで粒子が検出されるなら)，運動量 p のバラツキ Δp は必然的に大きくなる．極端な場合として，x が確定値をとれば Δx は 0 であるから，その場合には運動量のバラツキ Δp は無限大になる．逆に，運動量がある一定の確定値をとるならば $\Delta p = 0$ であるから，$\Delta x = \infty$ となる．この場合には，粒子がどのあたりにいるかを特定することが全くできない．図に示した A から D までのどの場合にも共通していることは，ひとつの量子力学的状態が位相空間内に占める面積は，最小でも h の程度であり，それより小さいことはありえないという事実である．†

　量子力学的状態を位相空間に投影して考えると，図 3.1 に示すように，どの状態もぼやけた存在である．時間の経過とともに，この "ぼやけ" が形を変えながら動いていく．これが，位相空間から見た量子力学的運動のイメージである．

　[**例題**]　原子の大きさ a はおおざっぱに言って，$a \sim 1\,\text{Å}\,(= 10^{-10}\,\text{m})$ である．不確定性関係を用いて，原子中の電子の運動エネルギーの大きさを概算せよ．

---

　† アンダーラインのところでは，$\hbar$ の代りに h と書いた．上にも述べたように，2π 倍の違いは問題ではない．ここを h としておくと，ボーアの量子条件 (7.22) や，統計力学での状態和 (分配関数) の計算のところがわかりやすい．それらの計算では，位相空間の面積 h 当たり量子状態 1 個という対応になっているからである．

3. 不確定性関係

[解] 原子核の位置を中心として考えれば，電子座標の平均値は 0 である．また，電子が原子核の周りをぐるぐる回っているから，運動量の平均値も 0 である．電子は原子核から距離 a 程度のところにいるから，位置の不確定性は $\Delta x \sim a$ である．したがって，運動量の不確定性が $\Delta p \sim \hbar/a$ で与えられる．(3.5)により p^2 の平均値が $(\Delta p)^2$ に等しいから，電子の運動エネルギー E は

$$E = \frac{p^2}{2m} \sim \frac{\hbar^2}{2ma^2}$$

で与えられ，その大きさはおよそ 6.1×10^{-19} J である．エネルギーの単位として電子ボルトを使うと，これは 3.8 eV に等しい．このように，電子ボルトという単位は，原子のスケールのエネルギーを扱うのに適した単位である．

[問題 3.1] 原子核の大きさは 10^{-15} m 程度である．原子核の中では，陽子と中性子が激しく運動している．不確定性関係を用いて，原子核中の陽子の運動エネルギーの大きさを概算せよ．陽子の質量は 1.67×10^{-27} kg である．

[問題 3.2] 自由な電子の運動エネルギーが 100 ± 0.01 eV であることがわかっている．電子の質量は $m = 9.11 \times 10^{-31}$ kg，$1 \text{eV} = 1.60 \times 10^{-19}$ J である．

(1) この電子の運動量はいくらか？

(2) 運動量の不確定性 Δp はいくらか？

(3) この電子の位置は，どの程度の精度で決めることができるか？

[問題 3.3] 古典力学では，位置と運動量を同時に正確に測定できる．すなわち，$\Delta x = \Delta p = 0$ である．これは，不確定性関係 (3.1) と矛盾しているように見える．これについて考えるのが，以下の問題である．

(1) 質量 1 グラムの粒子が静止している．この粒子の位置を十分正確に決めたとしよう．ただし，「十分正確に」と言っても，現実の測定精度には限界がある．たとえば，光を使って位置を観察しているならば，光の波長 (500 nm 程度) よりも正確に位置を決めることはできない．この不確定性にともなって，粒子の速度にはどれだけの不確定性が生じるか？

(2) この場合，不確定性関係が成り立たないと主張するためには，どんな実験に成功することが必要か？

[**問題 3.4**] 調和振動子のエネルギーは，ハミルトニアン (2.9) により与えられる．いま，変位の大きさがおよそ a の程度であるとすると，不確定性関係として (3.6) を使えば，運動量の大きさはおよそ $\hbar/2a$ ということになる．これらを (2.9) に代入すれば，調和振動子のエネルギーをパラメータ a の関数 $E(a)$ として表すことができる．現実に実現するエネルギーが $E(a)$ の最小値であると仮定して，a と $E(a)$ を求めよ．これにより求められるエネルギーは，調和振動子の基底状態の厳密なエネルギー値に一致する．

[**問題 3.5**] 不確定性関係に現れる Δx の意味を説明せよ（これは，確認のための問題である）．

§3.3 平 面 波

不確定性関係は，波束の性質とド・ブロイの関係から理解することができる．その準備として，平面波について簡単にまとめておこう．

波を特徴づける量としては，以下のような量が知られている．

振 幅	A
波 長	λ
振動数	ν
角振動数	$\omega = 2\pi\nu$
速 度	$v = \lambda\nu$
波 数	$k = \dfrac{2\pi}{\lambda}$

これらの量を使うと，x 軸の正の方向に進む波の変位 $\Psi(x, t)$ は

$$\Psi(x, t) = A \exp\left[2\pi \mathrm{i}\left(\frac{x}{\lambda} - \nu t\right)\right] \tag{3.7}$$

あるいは，同じことだが

$$\Psi(x, t) = A \mathrm{e}^{\mathrm{i}(kx - \omega t)} \tag{3.8}$$

と表される．

上に書いた量の中で，読者になじみが薄いものがあるとすれば，それは波

数 k だろう．波数というのは，もともとは，「単位長さ（1メートル）の区間に含まれる波の個数」ということであった．この定義にしたがえば，波数の定義は $1/\lambda$ ということになる．しかし，現在の物理学では，数学的便宜のため，これに 2π を掛けたもの $2\pi/\lambda$ を**波数**と定義している．いずれにせよ，波長が短ければ波数は大きいということになる．波数という概念は波を取扱う上で重要なので，まだこれに慣れていない読者はなるべく早くこれに慣れる必要がある．

3次元空間の中を伝わる波の場合には，x が位置ベクトル r に置きかわる．これに対応して，波数 k もベクトル k となり，波数ベクトルあるいは波動ベクトルとよばれる．このとき，変位は

$$\Psi(r, t) = A e^{i(k \cdot r - \omega t)} \tag{3.9}$$

となる．波数ベクトル k は，その向きが波の進行方向を表し，その大きさが波数 $2\pi/\lambda$ を表す．(3.9) の波は，位相が一定の波面が平面

$$k \cdot r = 一定$$

であるので，**平面波**とよばれる．

［**問題 3.6**］ 波長が 20 cm のとき，1メートルの区間には何個の波が含まれるか？　また，波数はいくらか？

［**問題 3.7**］ 空間的に細かく振動している波の波数は大きいか/小さいか？

§3.4　波束と不確定性関係

平面波の説明が終ったので，不確定性関係がなぜ成り立つかという説明に入ろう．前節で取り上げた平面波は，空間の中を無限に広がった波である．しかし，実際の波には，始めがあって終りがある．

図 3.2 に示すように，長さ Δx の区間だけで大きな値をもつ波を考えてみよう．このような波を**波束**という．この波の波数 k はいくらだろうか．波数を正確に決めるには，十分長い区間をとって，その中に波が何個あるかを数える必要がある．無限に広がった平面波ならばそれが可能だ．しかし，いま

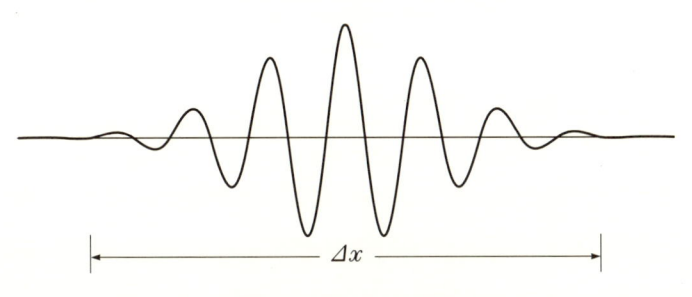

§3.4 波束と不確定性関係

図3.2 長さ Δx の波束

は波の存在する範囲そのものが Δx に限られているので,それ以上長い区間をとることはできない.区間 Δx の中に何個の波があるかを数えてみよう.数えた波の個数 N は

$$N = \frac{\Delta x}{\lambda} \pm 1 \tag{3.10}$$

となる.右辺に ± 1 がつくのは,波束の端のところでの誤差による.端のところでは,波の個数を正確に数えることができないからである.この結果を使うと,波数を決めることができる.定義によって

$$k = 2\pi \times \frac{波の個数}{区間の長さ}$$

であるから

$$k = 2\pi \frac{N}{\Delta x} = \frac{2\pi}{\lambda} \pm \frac{2\pi}{\Delta x}$$

となり,これから波数 k の不確定性 Δk が

$$\Delta k \sim \frac{2\pi}{\Delta x} \tag{3.11}$$

で与えられることがわかる.ここまでは波の一般的な性質であって,量子力学とは関係ない.(3.11)は,波束の位置の不確定性 Δx と波数の不確定性 Δk の間の一般的な関係を与える.

ここでド・ブロイの関係

を思い出せば，運動量 p と波数 k の間に

$$p = \hbar k \tag{3.12}$$

が成り立つことがわかる．(3.11)の両辺に $\hbar \Delta x$ を掛けて (3.12)を使うと

$$\Delta x \Delta p \sim 2\pi\hbar \tag{3.13}$$

が得られるが，これは，不確定性関係 (3.1) にほかならない (§3.1 で述べたように，右辺の定数倍の違いを気にする必要はない). このように，波の一般的性質 (3.11) とド・ブロイの関係からの自然な帰結として，不確定性関係を理解することができる．

[**問題** 3.8] 波の継続時間 Δt と波の振動数の不確定性 $\Delta \nu$ の間には

$$\Delta \nu \Delta t \sim 1 \tag{3.14}$$

という関係が成り立つ．(3.10) を導いたのと同様の考察により，この関係を導け．振動数 ν は，時間 Δt 内の振動回数を Δt で割ることにより得られる．

§3.5 平面波の重ね合わせにより作られる波束

前節に述べたように，空間の限られた範囲に局在する波を波束というが，波束は，平面波を重ね合わせて作ることもできる．そして，このような観点から不確定性関係を再び理解することもできる．

波数 k の波に重み $A(k)$ をつけ，いろいろの波数の波を重ね合わせることにより

$$\psi(x) = \int_{-\infty}^{\infty} A(k) \, e^{ik(x-x_0)} dk \tag{3.15}$$

という波が得られる．ここで，$A(k)$ は，図 3.3 に示すように，$k = k_0$ を中心として Δk 程度の広がりをもつ適当な関数とする．(3.15) のような積分を，数学ではフーリエ積分とよぶ．この積分 $\psi(x)$ は，$x = x_0$ を中心として

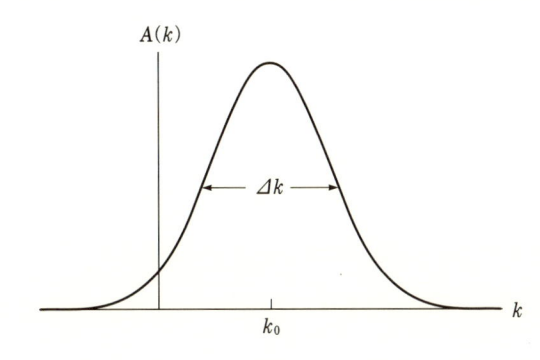

図 3.3 波束の重み関数 $A(k)$

$$\Delta x \sim \frac{2\pi}{\Delta k} \tag{3.16}$$

程度に広がった波を表す．

積分 (3.15) が幅 (3.16) の区間内だけで大きな値をもつことは，以下の考察からわかる．いま，x が波束の中心位置 x_0 から十分遠く離れているとしよう．このとき，指数関数 $e^{ik(x-x_0)}$ は，<u>k の関数として</u>激しく振動する．激しく振動する関数に図 3.3 の滑らかな関数 $A(k)$ を掛けて積分すれば，振動が打ち消し合って，積分の結果はほとんど 0 になる．したがって，遠くでは $\psi(x)$ は小さな値をもつ．

一方，その反対に，x が x_0 に十分近くて

$$\Delta k\,|x - x_0| \lesssim 2\pi$$

が成り立つような場合には，図 3.3 の区間 Δk の内部で指数関数 $e^{ik(x-x_0)}$ が <u>k の関数として</u>ゆるやかに変化する．ゆるやかに変化する関数の積分は，大きな値をもつ．この条件を区間の幅に

$$|x - x_0| \to \Delta x$$

と置きかえたものが (3.16) である．

(3.16) は前節の (3.11) と同一であり，不確定性関係の表現にほかならない．なお，上の説明は，1 回ざっと読んだだけではわからないかもしれない．落ち着いて何回か読めば理解できるはずである．

3. 不確定性関係

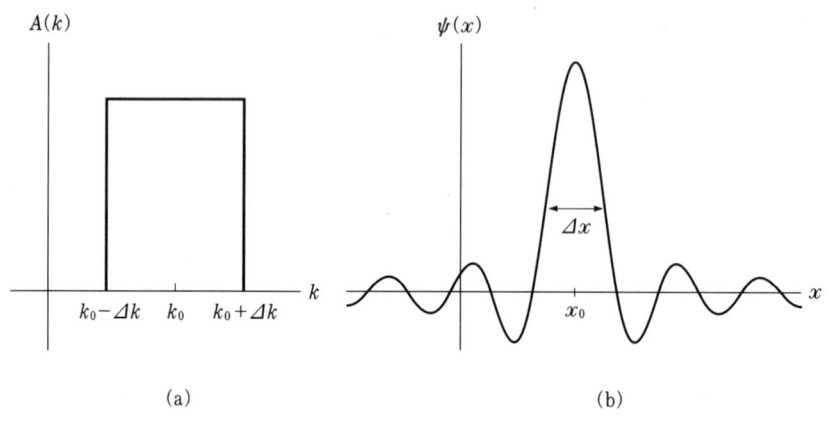

図 3.4 (a) (3.17) の関数 $A(k)$, (b) そのときの波束 (3.15)

[**例 題**]　関数 $A(k)$ を具体的に

$$A(k) = \begin{cases} 1 & k_0 - \Delta k < k < k_0 + \Delta k \text{ のとき} \\ 0 & \text{それ以外のとき} \end{cases} \quad (3.17)$$

として(図 3.4(a)), 波束 (3.15) の形を求めよ. そして, 得られる波束の広がり Δx が (3.16) の関係を満たすことを確かめよ.

[**解**]　(3.17) を (3.15) に代入して積分を実行する. その結果は

$$\begin{aligned}\psi(x) &= \int_{k_0-\Delta k}^{k_0+\Delta k} e^{ik(x-x_0)} \, dk \\ &= \frac{e^{i(k_0+\Delta k)(x-x_0)} - e^{i(k_0-\Delta k)(x-x_0)}}{i(x-x_0)} \\ &= \frac{2\sin[\Delta k(x-x_0)]}{x-x_0} e^{ik_0(x-x_0)} \end{aligned} \quad (3.18)$$

となる. 指数関数の部分を除いてグラフを描くと, 図 3.4(b) のようになる. この関数は $x = x_0 \pm \pi/\Delta k$ のときに 0 になるから, 主ピークの幅 Δx は, ほぼ $\Delta x = 2\pi/\Delta k$ であり, (3.16) を満たしている.

[**問題 3.9**]　波束を表す式 (3.15) は, 連続変数 k についての積分の形に書かれている. 積分というのはもともと, 区分求積法からもわかるように, 「細かく区切

§3.5 平面波の重ね合わせにより作られる波束 41

って加える」という操作であるから，k をとびとびの変数と近似して，積分 $\int$ を和 Σ で置きかえて調べてみよう．

図 3.5 は，波数の異なる 15 個の波に重みをつけ，それらを重ね合わせた結果

$$\psi(x) = \sum_{j=1}^{15} A_j\, e^{ik_j x} \tag{3.19}$$

を右下に描いている．描かれている区間の全長を 1 として，以下の問に答えよ．

（1） 5番目の波と14番目の波は，どちらの方が波数が大きいか？ 1秒以内に答えよ．

（2） 4番目と12番目の波の波数 k_4, k_{12} はいくらか？

（3） この2つの波数の差から，波数 k の不確定性 Δk を概算せよ．

（4） 右下の SUM の欄に表示されている $\psi(x)$ のグラフから，位置の不確定性 Δx を読みとれ．

（5） Δk と Δx の積はおよそいくらか？

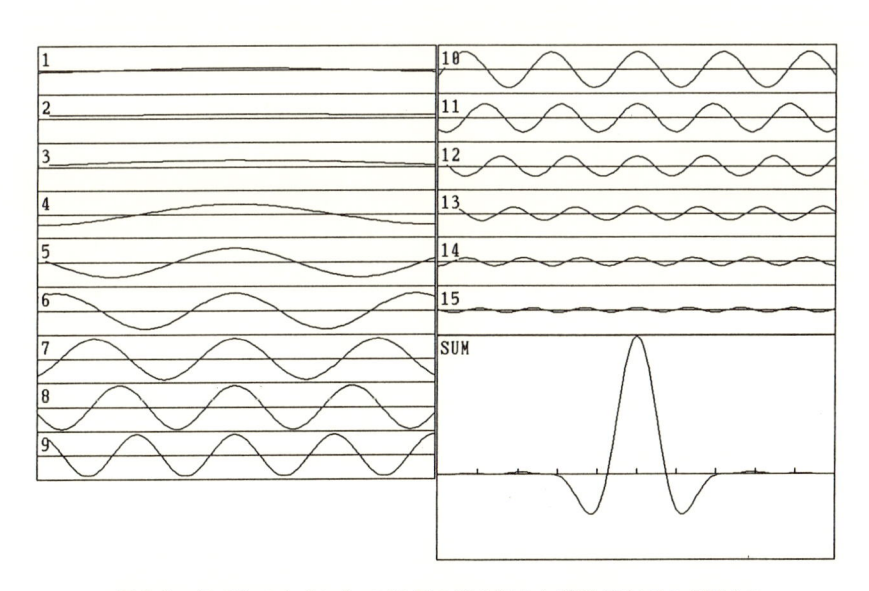

図 3.5 (3.19) のようにして 15 個の波を加えた結果が右下の SUM の欄に示されている．

[**問題 3.10**]* プログラム WavePC.exe を実行すると，図 3.5 のように，15 個の平面波を次々に重ね合わせていき，だんだんと局在した波束が作られていく様子を見ることができる．実行を開始すると，画面に 15 個の平面波が描かれる．描き終ると，どの波を加えるかを聞いてくる．適当な順序で 15 個の平面波をひとつずつマウスでクリックすると，その順序にしたがって順番に (3.19) の加算を行い，その結果を画面右下のグラフに表示する．全部の波を加え合わせれば終了となる．

実際の画面では，図 3.5 のように縦 2 列ではなく，縦 1 列に表示されるので，波束の意味がよくわかるはずである．

この 15 個の平面波はどれも $-\infty < x < \infty$ の範囲に広がっている．ところが，それらを重ね合わせたものは，位相がそろった位置（この図の中央付近）だけで大きな値をもつ．波束というものの成り立ちを理解する上でこの点は重要である．

[**問題 3.11**] (3.15) の関数 $A(k)$ としてガウス型の関数

$$A(k) = \exp\left[-\frac{1}{2} a^2 (k - k_0)^2\right] \quad (3.20)$$

を採用して，波束 $\psi(x)$ の形を求めよ．得られた結果から，Δk と Δx の積の大きさを概算せよ．フーリエ積分に対しては，定積分の公式

$$\int_{-\infty}^{\infty} \exp(-a^2 x^2 + bx)\,dx = \frac{\sqrt{\pi}}{a} \exp\left(\frac{b^2}{4a^2}\right) \quad (A\,2)$$

を使うとよい．この積分公式は，量子力学と統計力学の演習問題でよく使われる．b は複素数でもよい．また，a も複素数が許される．ただし，a の実部は正でなければならない．本書の巻末の見開きには，このような数学公式がまとめて示されている．

[**問題 3.12**]
 (1) 不確定性は「測定の誤差」である —— という説明は正しいか？
 (2) 不確定性は「平均値からのずれ」である —— という説明は正しいか？
 (3) 不確定性は「真の値からのずれ」である —— という説明は正しいか？

ガウス分布

統計学では，確率密度

$$P(x) = \frac{1}{\sqrt{2\pi}\sigma} \exp\left[-\frac{(x - \langle x \rangle)^2}{2\sigma^2}\right]$$

で表される確率分布をガウス分布，あるいは正規分布という．
この確率分布は，$-\infty < x < \infty$ の範囲の連続変数 x について

$$\int_{-\infty}^{\infty} P(x)\,\mathrm{d}x = 1$$

と規格化されており，x の平均値が $\langle x \rangle$ である．この式の中の定数 σ は標準偏差とよばれ，図に示されているように，確率分布の幅を表す．実際，上の確率分布について，標準偏差の定義に基づいて

$$\sqrt{\langle (x - \langle x \rangle)^2 \rangle}$$

を計算すると，その結果は σ に一致することが確かめられる．

したがって，上のような形の関数については，標準偏差をわざわざ計算しなくても，関数の形から（指数関数の中身を比較することにより）標準偏差を知ることができる．たとえば，(3.20) の関数 $A(k)$ の場合には，その標準偏差は

$$\Delta k = \frac{1}{a}$$

である．

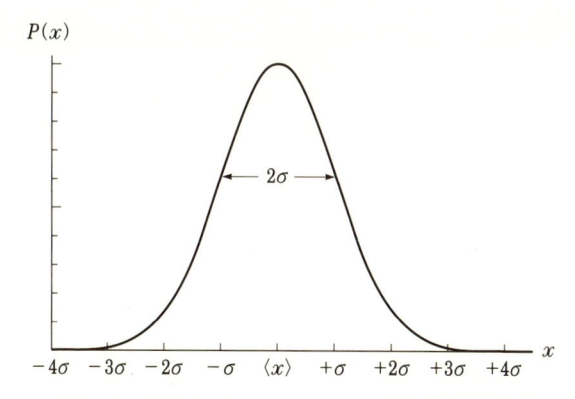

4 シュレーディンガー方程式

ここまでの章は，量子力学の考え方に慣れるための準備と足慣らしであったが，この章から本題に入る．シュレーディンガー方程式は，量子的粒子の運動を記述する基本方程式である．それがどんな方程式であり，また，そこに出てくる波動関数がどんなものかを理解するのがこの章の目的である．

§4.1 時間を含むシュレーディンガー方程式

考えている系のハミルトニアン H が解析力学の手順（第2章）にしたがって得られていれば，それを用いて，（時間を含む）シュレーディンガー方程式が

$$i\hbar \frac{\partial \Psi}{\partial t} = \hat{H} \Psi \tag{4.1}$$

により与えられる．これは，量子力学の最も基本的な方程式である（ニュートン力学での運動方程式に匹敵すると考えてよい）．Ψ は**波動関数**（または確率振幅，状態関数）とよばれ，時間 t と位置 x の関数である．その物理的な意味は，以下に次第に明らかになる．

右辺のハミルトニアンの記号に帽子（＾）がついているのは，これが波動関数 Ψ に作用する**演算子**であることを意味する．すなわち，ハミルトニアン H が運動量 p と座標 x の関数 $H(p,x)$ として与えられているときに，

$$p \to \hat{p} \equiv -i\hbar \frac{\partial}{\partial x} \tag{4.2a}$$

$$x \to \hat{x} \equiv x \tag{4.2b}$$

という機械的な置きかえを行うことにより，演算子としてのハミルトニアン $\hat{H}$ が

$$\hat{H} \equiv H(\hat{p}, \hat{x}) \tag{4.3}$$

により定義される．$\hat{x}$ と x は同じものであるから，わざわざ $\hat{x}$ という記号を使う必要はないのだが，$\hat{p}$ と形を合わせるために使っている．$\hat{p}$ は運動量演算子，$\hat{x}$ は位置演算子とよばれる．

[例 題] 調和振動子の場合について，ハミルトニアン演算子 $\hat{H}$ を示せ．

[解] 解析力学によれば，調和振動子のハミルトニアンは

$$H = \frac{1}{2m} p^2 + \frac{1}{2} m\omega^2 x^2 \tag{2.9}$$

である．これに上記の置きかえを行うと

$$\hat{H} = \frac{1}{2m} \hat{p}^2 + \frac{1}{2} m\omega^2 \hat{x}^2$$

$$= -\frac{\hbar^2}{2m} \frac{\partial^2}{\partial x^2} + \frac{1}{2} m\omega^2 x^2$$

が得られる．

§4.2　ハミルトニアンが時間を含まない場合

多くの問題では，ハミルトニアンが時間を含まない．† その場合には，

$$\Psi(x, t) = \psi(x) \, e^{-iEt/\hbar} \tag{4.4}$$

が，シュレーディンガー方程式のひとつの解になっている（[問題 4.1, 4.2]）．ただし，E は定数であり，

---

† ハミルトニアンが時間を含むのは，時間とともに変化する電場をかけたような場合である．そういう特別の場合を除けば，ハミルトニアンはいつも時間を含まないと考えてよい．

$$\hat{H}\psi = E\psi \tag{4.5}$$

が成り立つものとする．ハミルトニアンは系の力学的エネルギーを表す量であるから，定数 E はエネルギーという意味をもつ．(4.5) を**時間を含まないシュレーディンガー方程式**とよぶ．

ここで，ギリシャ文字 ψ は Ψ の小文字であり，どちらも**プサイ**と読む．角度を表すのによく使われる ϕ（ファイ）とは違うので，混同しないように注意が必要である．

[**問題 4.1**] (4.4) を (4.1) へ代入して (4.5) を使うことにより，(4.4) が時間を含むシュレーディンガー方程式の解であることを示せ．

たとえば，質量 m の粒子がポテンシャル $V(x)$ の中を運動する 1 次元問題の場合には，ハミルトニアンが

$$H = \frac{1}{2m}p^2 + V(x) \tag{4.6}$$

であるから，(4.2) の置きかえをあてはめることにより，(4.5) は

$$-\frac{\hbar^2}{2m}\frac{\mathrm{d}^2\psi}{\mathrm{d}x^2} + V(x)\,\psi = E\psi \tag{4.7}$$

となる．また，3 次元の問題であれば，運動量の 3 成分 p_x, p_y, p_z がすべて (4.2 a) と同様に微分演算子により置きかえられるので，

$$\boldsymbol{p} \to \hat{\boldsymbol{p}} \equiv -\mathrm{i}\hbar\nabla = \left(-\mathrm{i}\hbar\frac{\partial}{\partial x},\ -\mathrm{i}\hbar\frac{\partial}{\partial y},\ -\mathrm{i}\hbar\frac{\partial}{\partial z}\right) \tag{4.8}$$

と置きかえることになり，時間を含まないシュレーディンガー方程式は

$$-\frac{\hbar^2}{2m}\nabla^2\psi + V(\boldsymbol{r})\,\psi = E\psi \tag{4.9 a}$$

すなわち

$$-\frac{\hbar^2}{2m}\left(\frac{\partial^2\psi}{\partial x^2} + \frac{\partial^2\psi}{\partial y^2} + \frac{\partial^2\psi}{\partial z^2}\right) + V(\boldsymbol{r})\,\psi = E\psi \tag{4.9 b}$$

となる．

(4.7) や (4.9) のような微分方程式は，任意のエネルギー E に対して解をもつとは限らない．このような問題は，一般に微分方程式の固有値問題とよばれており，E が**固有値**とよばれる特別の値をとる場合にしか解が無い．そのような固有値を求めることは，量子力学のひとつの重要な課題である（第7章以降）．ある固有値 E に対して (4.5) が成り立つとき，その波動関数 ψ を**固有関数**とよぶ．

[**問題 4.2**] (変数分離)　波動関数 $\Psi(x,t)$ を

$$\Psi(x,t) = \psi(x) f(t) \tag{4.10}$$

と置いて (4.1) へ代入することにより，(4.4) のような解が得られることを示せ．

[**問題 4.3**] (時間を含むハミルトニアン)　ハミルトニアンが時間 t を含む場合には，前問と同じ形 (4.10) を仮定しても，(4.1) を解けないことを示せ．

§4.3　重ね合わせの原理

時間を含むシュレーディンガー方程式

$$i\hbar \frac{\partial \Psi}{\partial t} = \hat{H}\Psi \tag{4.1}$$

は，波動関数 Ψ に関して線形である．すなわち，この方程式には Ψ^2 とか $\sin \Psi$ というような項は含まれておらず，両辺とも Ψ に比例している．したがって，もしも Ψ_1 と Ψ_2 が (4.1) の解であるならば，複素数の定数 c_1, c_2 を用いてそれらを重ね合わせた

$$\Psi_3 = c_1 \Psi_1 + c_2 \Psi_2 \tag{4.11}$$

も，やはり (4.1) の解である．これを**重ね合わせの原理**という．何でもないことのようであるが，重ね合わせが利くということは非常に重要である．

ハミルトニアンが時間を含まない場合，(4.4) は (4.1) のひとつの解ではあるが，(4.1) の一般解ではない．一般解は，(4.4) をあらゆるエネルギー固有値 E について重ね合わせることにより，

$$\Psi(x,t) = \sum_E c_E \, \psi_E(x) \, e^{-iEt/\hbar} \tag{4.12}$$

という形で与えられる。ここで $\psi_E(x)$ は

$$\hat{H}\,\psi_E(x) = E\,\psi_E(x) \tag{4.5}$$

を満たす固有関数であり，c_E は複素数の定数である．もしも固有値 E がとびとびの値（離散固有値）ではなしに連続した値（連続固有値）をとるならば，(4.12) の和は E についての積分になる．

[**問題 4.4**] 波動関数 $\psi_1(x)$, $\psi_2(x)$ がハミルトニアン $\hat{H}$ の固有関数であり，それぞれエネルギー固有値 E_1, E_2 をもつ．時刻 $t=0$ での波動関数がこの 2 つの波動関数の重ね合わせ

$$\Psi(x,0) = c_1\psi_1(x) + c_2\psi_2(x) \tag{4.13}$$

であるとき，それ以後の時刻 t における波動関数 $\Psi(x,t)$ を示せ．

§4.4 1次元自由粒子

1 次元の自由粒子の場合には，(4.7) でポテンシャルエネルギー $V(x)$ が 0 であるから，時間を含まないシュレーディンガー方程式が

$$-\frac{\hbar^2}{2m}\frac{d^2\psi}{dx^2} = E\,\psi \tag{4.14}$$

となる．簡単のためにエネルギー E を

$$E = E(k) \equiv \frac{\hbar^2 k^2}{2m} \tag{4.15}$$

と置けば，

$$\frac{d^2\psi}{dx^2} + k^2\,\psi = 0 \tag{4.16}$$

となる．この微分方程式の基本解は e^{ikx}, e^{-ikx} である．k として負の数も許すならば，e^{ikx} だけを解として採用すれば十分である．この結果，(4.16) の解は

$$\psi(x) = e^{ikx} \tag{4.17}$$

となる．したがって，(4.4) に対応して，

$$\Psi_k(x,t) = e^{ikx}\,e^{-iE(k)t/\hbar} \tag{4.18}$$

が時間を含むシュレーディンガー方程式 (4.1) の一つの解である．さらに，これを k について重ね合わせて得られる

$$\Psi(x,t) = \int_{-\infty}^{\infty} A(k)\, e^{ikx}\, e^{-iE(k)t/\hbar}\, dk \tag{4.19}$$

が，(4.1) の一般解である．これは，前章の (3.15) を時間依存性を含む形に拡張したものになっている．

§4.5 波動関数の意味

波動関数の意味に関連して，ここでは以下の4点を挙げておく．これ以上くわしいことは，いろいろな具体例に接して量子力学の感じをつかんだ後，第9章でまとめて学ぶのがよい．

I（波動関数の意味）：　波動関数 $\Psi(x,t)$ は，量子力学的状態を表す．これに任意の複素数 c を掛けて得られる波動関数 $c\Psi(x,t)$ は，$\Psi(x,t)$ と同一の状態を表す．

II（波動関数の確率解釈）：　時刻 t に粒子の位置 x を測定する実験を行ったとき，x を中心とする微小区間 dx の中に粒子が見出される確率は

$$|\Psi(x,t)|^2\, dx$$

に比例する．

3次元の問題であれば，r を中心とする微小体積 $dx\,dy\,dz$ の中に粒子が見出される確率は

$$|\Psi(\boldsymbol{r},t)|^2\, dx\, dy\, dz$$

に比例する．

III（測定による状態の変化）：　上の測定により粒子が検出された場合には，その直後の波動関数はもはや $\Psi(x,t)$ ではなく，x の付近に局在した状態となる．

IV（固有値の意味）：　時間を含まないシュレーディンガー方程式 (4.5) の固有値を E_n，それに対応する固有関数を $u_n(x)$ とするとき

$$\hat{H}\,u_n(x) = E_n\,u_n(x) \tag{4.20}$$

が成り立つ．固有関数 $u_n(x)$ により表される状態を**固有状態**という．固有状態 u_n で系のエネルギーを測定すると，確定値 E_n が測定される．言いかえると，固有状態 u_n では，100％の確率で E_n という値が得られる．

以上の4つのうちで，とりあえず重要なのはIIなので，IIについて説明を加えておこう．最も重要なのは，**波動関数そのものは観測にかからない**ということである．物理的に意味をもつのは，その絶対値の2乗であり，しかもその意味は確率密度である（したがって，$|\varPsi(x,t)|^2$ が大きな位置に粒子が見つかりやすい）．このように，波動関数は，実験により直接に観測されない量でありながら，シュレーディンガー方程式 (4.1) にしたがって規則的に変化する——という，初めて聞いたときには何とも奇妙に感じられる仕組になっている．基本方程式が虚数を含んでいて，複素数を使うことが本質的だというのも，量子力学のひとつの大きな特徴である．このあたりが量子力学の入りにくさの一因であろう．仕方がない．少しずつ慣れていくことにしよう．

"確率"という言葉にも注意を要する．位置 x を測定する実験を行ったとき，1回の実験では粒子がどこに検出されるかを全く予測できない．けれども極めて多数回の実験を行えば，測定値の分布はある決まった分布に近づいていき，その分布は，波動関数の絶対値の2乗 $|\varPsi(x,t)|^2$ により正確に予言できる——というのが，ここで"確率"という言葉を使って述べられていることの内容である．

$|\varPsi(x,t)|^2$ がこのように確率密度を表すので，時刻 t に区間 (x_1, x_2) 内で粒子を検出する実験を行ったときに，粒子が検出される確率は，積分

$$\int_{x_1}^{x_2} |\varPsi(x,t)|^2 \, \mathrm{d}x \tag{4.21}$$

に比例する．これを示したのが図 4.1 である．

§4.5 波動関数の意味 51

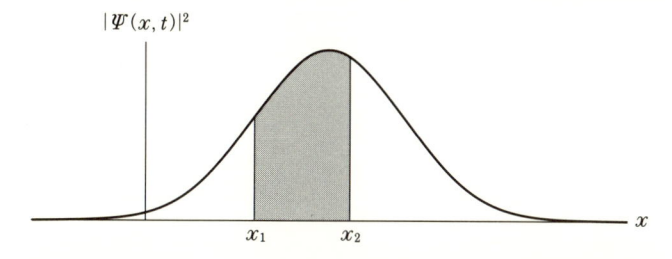

図4.1 区間 (x_1, x_2) 内に粒子を見出す確率は, 灰色の部分の面積に比例する. 波動関数が規格化されていれば, 確率は面積に等しい.

[**例 題**] 次の4個の波動関数のうちで, 同じ状態を表すのはどれか?

$$\psi_1(x) = \sin kx, \qquad \psi_3(x) = e^{ikx}$$
$$\psi_2(x) = \sin k(x-a), \qquad \psi_4(x) = e^{ik(x-a)}$$

[**解**] 波動関数の意味Ⅰのところに書かれているように, 定数倍だけ異なる波動関数は同じ状態を表す. ここで「定数」は一般に複素数であってよい. $\psi_1(x)$ と $\psi_2(x)$ の間には

$$\psi_2(x) = \psi_1(x-a)$$

という関係があるが, この両者は定数倍の関係にはないから, 異なる状態を表す. 一方, $\psi_3(x)$ と $\psi_4(x)$ の間には

$$\psi_4(x) = \psi_3(x-a) = e^{-ika}\psi_3(x)$$

の関係があり, この2個の関数は定数倍だけ異なる関数であるから, 同じ状態を表す.

[**例 題**] 波動関数

$$\psi(x) = \frac{x}{x^2 + a^2} \qquad (\text{ただし, } a \text{ は正の数})$$

により表される状態にいる粒子は, どの位置に最も見つかりやすいか?

[**解**] 波動関数の絶対値の2乗

$$|\psi(x)|^2 = \frac{x^2}{(x^2+a^2)^2}$$

が最大の位置に最も見つかりやすい. したがって

$$\frac{d}{dx}|\psi(x)|^2 = \frac{2x(a^2-x^2)}{(x^2+a^2)^3} = 0$$

より, $x = \pm a$ に最も見つかりやすい.

[**問題4.5**] 次の8個の波動関数のうちで, 同じ状態を表すのはどれか?

$\psi_1(x) = \sin kx,$ $\qquad \psi_5(x) = \cos kx + i\sin kx$

$\psi_2(x) = \cos kx,$ $\qquad \psi_6(x) = i\cos kx + \sin kx$

$\psi_3(x) = e^{ikx},$ $\qquad \psi_7(x) = \cos kx - i\sin kx$

$\psi_4(x) = (1+i)e^{ikx},$ $\qquad \psi_8(x) = i\cos kx - \sin kx$

[**問題4.6**] 波動関数 (4.4) の場合に, $|\Psi(x,t)|^2$ が時間によらないことを示せ.

[**問題4.7**] 波動関数 (4.18) により表される状態に対して

（1） 粒子の位置 x を測定する実験を行うと, どんな結果が得られるか?

（2） エネルギーを測定する実験を行うと, どんな結果が得られるか?

[**問題4.8**] 波動関数

$$\psi(x) = A\sin\frac{2\pi x}{L} \qquad (ただし \ 0 \leqq x \leqq L) \tag{4.22}$$

について

（1） $\psi(x)$ のグラフを示せ.

（2） $|\psi(x)|^2$ のグラフを示せ.

（3） この状態にある粒子は, どの位置に最も見つかりやすいか?

§4.6 波動関数の規格化と期待値

波動関数は, その絶対値の2乗を積分したときに1になるように, 適当な定数を掛けて**規格化**（あるいは**正規化**）しておくと都合がよい. もしも規格化してあれば

$$\int |\Psi(x,t)|^2 \, dx = 1 \tag{4.23}$$

が成り立ち, 確率の総和が1であるから, $|\Psi(x,t)|^2 dx$ が相対確率ではなしに確率そのものを表すことになる. このとき, $|\Psi(x,t)|^2$ を「単位長さ当

§4.6 波動関数の規格化と期待値

たりの確率」という意味で，**確率密度**とよぶ．3次元の問題では

$$\iiint |\Psi(r,t)|^2 \, dx \, dy \, dz = 1 \tag{4.24}$$

と規格化すれば，$|\Psi(r,t)|^2 \, dx \, dy \, dz$ が確率を表す．

波動関数の確率解釈にしたがえば，物理量を多数回測定したときの**平均値**も容易に計算できる（平均値は，**期待値**ともよばれる）．たとえば，位置 x の平均値 $\langle x \rangle$ は，一般に

$$\langle x \rangle = \sum_x (x \text{ の値}) \times (x \text{ が実現する確率})$$

という感じの式で計算できる．実際には x は連続変数なので，和が積分になって

$$\langle x \rangle = \int x \, |\Psi(x,t)|^2 \, dx \tag{4.25}$$

と表せる．x^2 の平均値も，これと同様である（[問題 4.9]）．また，運動量 p の平均値がどうなるかというと

$$\langle p \rangle = \int \Psi(x,t)^* \, \hat{p} \, \Psi(x,t) \, dx \tag{4.26}$$

により与えられる．ここでは，量子力学の一般論が教える結果（§9.2）を先どりして書いた．右辺の星印は複素共役を意味する．また，$\hat{p}$ は運動量演算子 (4.2a) である．もしも p^2 の平均値 $\langle p^2 \rangle$ がほしければ，右辺の $\hat{p}$ を2階微分演算子 $\hat{p}^2$ で置きかえればよい．一般に，任意の物理量 A を多数回測定したときの平均値 $\langle A \rangle$ は

$$\langle A \rangle = \int \Psi(x,t)^* \, \hat{A} \, \Psi(x,t) \, dx \tag{4.27a}$$

により与えられる．右辺の演算子 $\hat{A}$ は，対応する古典力学の式で (4.2) の置きかえを行うことにより得られる．また，もしも波動関数 $\Psi(x,t)$ が規格化されていないならば，

$$\langle A \rangle = \frac{\int \Psi(x,t)^* \, \hat{A} \, \Psi(x,t) \, dx}{\int |\Psi(x,t)|^2 \, dx} \tag{4.27b}$$

により平均値が与えられる．

[**問題 4.9**] 波動関数 (4.22) を規格化せよ．

[**問題 4.10**] x^2 の平均値 $\langle x^2 \rangle$ を求めるには，どんな式を使えばよいか？

§4.7 内積の定義

ところで，(4.27) のような積分を長々と書くのは面倒である．そこで，これを簡略化するために，内積の記号が使われる．波動関数 $f(x)$ と $g(x)$ の内積は

$$(f, g) \equiv \int f(x)^* g(x) \, dx \qquad (4.28)$$

により定義される．すなわち，右辺のような積分を**内積**とよび，これを左辺の記号により表す．すぐにわかるように，内積は次の性質をもつ：

$$(g, f) = (f, g)^* \qquad (4.29)$$

つまり，内積の左右の波動関数を入れかえるのと，複素共役をとるのは，同じ結果を与える．内積の記号を使うと (4.27 a) は次のように簡単な形に書ける．

$$\langle A \rangle = (\Psi, \hat{A}\Psi) \qquad (4.30\,\text{a})$$

これは，波動関数 Ψ が

$$(\Psi, \Psi) = 1$$

と規格化されている場合の式である．もしも Ψ が規格化されていなければ，期待値は

$$\langle A \rangle = \frac{(\Psi, \hat{A}\Psi)}{(\Psi, \Psi)} \qquad (4.30\,\text{b})$$

により与えられる．

内積 (f, g) に対するもう一つの記号として $\langle f | g \rangle$ も使われる．すなわち，

$$\langle f | g \rangle \equiv (f, g) \qquad (4.31)$$

である．この記法では，波動関数 g に演算子 $\hat{A}$ が作用したときの内積を
$$\langle f \mid \hat{A} \mid g \rangle \equiv (f, \hat{A}g) \tag{4.32}$$
と書く．(4.31)，(4.32) のどちらの式においても，左辺と右辺は全く同じ意味である．

左辺の記号はディラックによる．本来は，量子力学での状態がベクトルであり，$\langle f|$ をブラ・ベクトル，$|g\rangle$ をケット・ベクトルとよぶのだが，とりあえずは，積分を簡単に表すために (4.31)，(4.32) のような記号が使われると思えばよい．量子力学の学習が進んで，「状態がベクトルである」という感じがつかめるようになれば，ブラケット記号の意味がわかるだろう．

内積の記号を 2 通り示したが，いろいろの計算を実行するときには，丸括弧の内積 (4.28) の方が便利である．たとえば，(4.32) で演算子 $\hat{A}$ が f の方に作用する場合，丸括弧の内積を使えば，これを自然な形で

$$(\hat{A}f, g)$$

に書くことができる．ブラケット記号では，このような書き方はできないので，強いてこれを表そうとすれば

$$\langle g \mid \hat{A} \mid f \rangle^*$$

と書くしかない．慣れない人には，これはわかりにくい．

[**問題 4.11**]　a, b を複素数の定数とするとき，内積 (4.28) が次の性質をもつことを示せ．
$$(af, bg) = a^* b\, (f, g)$$

[**問題 4.12**]　波動関数 (4.18) により表される状態で運動量を測定した．

（1）　このときの不確定性 Δp を求めよ．

（2）　この場合，不確定性関係はどのような形で成り立っているか？

[**問題 4.13**]　1 次元の波動関数
$$\psi(x) = e^{-|x|/a} \quad (\text{ただし } -\infty < x < \infty) \tag{4.33}$$
について以下の問に答えよ．a は正の数である．

（1）　この波動関数に適当な定数を掛けて，(4.23) が成り立つように規格化せ

よ．

　（2）規格化された波動関数は，どんな次元をもつか？

　（3）波動関数 (4.33) により表される状態で粒子の位置を測定する実験を行った．粒子が区間 (x_1, x_2) 内に見出される確率を求めよ．ただし，$0 \leqq x_1 \leqq x_2$ とする．

　（4）特に $x_1 = 0$，$x_2 = \infty$ の場合には，確率の値はいくらか？

[**問題 4.14**] これは調和振動子に関する問題である．（問題の長さにビックリしないでほしい．量子力学では，この程度の長さは珍しくない．）

　（1）調和振動子について，時間を含まないシュレーディンガー方程式を示せ．

　（2）その解として，波動関数

$$\psi(x) = N \exp\left(-\frac{1}{2}\alpha^2 x^2\right) \tag{4.34}$$

を仮定してみよう．これをシュレーディンガー方程式に代入せよ．定数 α をどう選べば，(4.34) の $\psi(x)$ が解になるか？

　（3）そのときのエネルギー固有値はいくらか？

　（4）得られた α が長さの逆数の次元をもつことを確かめよ．

　（5）巻末見返しのガウス積分の公式 (A 1) を用いて波動関数 $\psi(x)$ を規格化し，規格化定数 N を定めよ．

　（6）上の波動関数により表される状態で，x の期待値 $\langle x \rangle$ を求めよ．

　（7）x^2 の期待値 $\langle x^2 \rangle$ を求めよ．このときの積分に必要な公式 (A 3) は，(A 1) の両辺をパラメータ a について微分することにより得られる．

　（8）運動量の期待値 $\langle p \rangle$ を求めよ．

　（9）運動量の 2 乗 p^2 の期待値 $\langle p^2 \rangle$ を求めよ．

　（10）位置の不確定性 Δx と運動量の不確定性 Δp を (3.3)，(3.5) にしたがって求めよ．不確定性関係はこの場合どのようになっているか？

[**問題 4.15**]* 上に学んだ波動関数の意味を理解するために，プログラム PsiMovie.exe を実行してみよう．

このプログラムは，調和振動子の場合について，波動関数の絶対値の2乗 $|\Psi(x,t)|^2$ が時間とともに変化する様子を動画により描いて見せる．調和振動子であるから，波動関数のピーク位置は単振動をする．まず初めにこの単振動の様子を観察してほしい．

さらに，このプログラムでは，粒子を検出する測定が実行できるようになっている．図 4.1 のような x 軸上の区間 (x_1, x_2) 内に粒子が見出される確率 (4.21) の数値が，時々刻々画面に出る．「観測」ボタンを押すか，Enter キーを押せば，この区間内で粒子を検出する実験が行われる ―― という設定である．確率の数値が大きければ粒子が検出される可能性は高く，数値が小さければ検出される可能性は低い．しかし，確率というものの性質上，その数値が大きくても必ず検出されるとは限らない．また，その反対に，数値が小さくても検出にかかることがある．

§4.8 実在波か確率波か

波動関数が表現する波は，確率波であって，実在波ではない．このことは，第 1 章で光の波動性と粒子性に関連して既に触れた．ここでは念のために，このことを再確認したい．

その前に，"実在波" のイメージをはっきりさせておく必要がある．実在波とは，水の波のように，目に見える波である．実は，シュレーディンガー方程式を提唱して量子力学の多くの問題を次々に解いたシュレーディンガーは，$\Psi(x,t)$ が実在波を表すと考えていた．すなわち，電子が点電荷ではなく，$\rho(x,t) = |\Psi(x,t)|^2$ という密度で連続的に分布していると考えたのである．†

けれども，そう考えたのでは具合の悪いことが起こる．量子力学の数学的形式が全部でき上がった後に (1926 年) これに気づいたボルンが波動関数の

---

† 電磁気学の演習で，「連続な電荷分布 $\rho(r)$ が与えられているときに電場 E がどうなるかを，ガウスの法則により求める」という類の問題を読者は経験しただろう．そのときの $\rho(r)$ のイメージがここに言う実在波である．

58   4. シュレーディンガー方程式

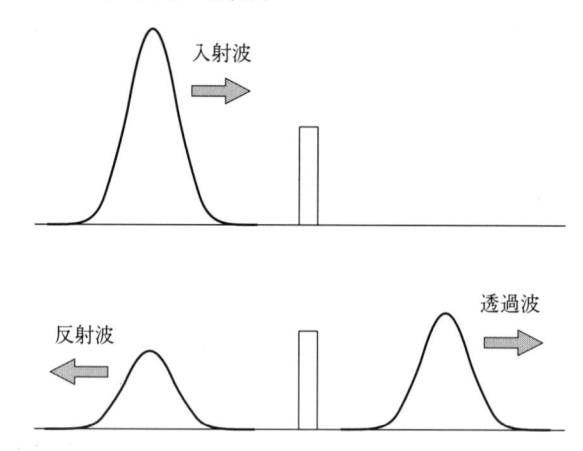

図 4.2　上の図は，ポテンシャルの山に左から電子が入射している様子を示す．下の図は，十分に長い時間が経った後に反射波と透過波が生じている様子を示す．どちらの図も，それぞれの時刻 t における波動関数 $\Psi(x,t)$ の絶対値の 2 乗を描いている．

確率解釈を提唱した．

　図 4.2 に示したような状況を考えてみよう．ここでは，左から 1 個の電子がポテンシャルの山に向かって入射している（上図）．この電子の状態を記述する波動関数を $\Psi(x,t)$ としよう．

　十分に長い時間が経った後にはどうなるだろうか．波が障害物にぶつかると，一般にその一部は反射し，残りが透過する．その結果，後の時刻 t における $\Psi(x,t)$ は下図のようなものになるだろう．そこで，右側と左側に検出器を置いてみる．いま考えているのが古典的な波であるならば，問題は何も無い．入射した波の一部（たとえば 40 ％）が反射波として左側に検出され，同時に右側では残り（60 ％）が透過波として検出される．

　けれども，いま問題にしているのは 1 個の電子である．1 個の電子を入射させたとき，左右の検出器はどう反応するだろうか．電子は個体性を保った粒子であるから，それが 40 ％と 60 ％のかけらに分かれて両方の検出器で同時に検出される —— などということは絶対にない．

§4.8 実在波か確率波か

　この実験の結果は次のようになる．電子はどちらかの検出器で検出される．1回の実験で，電子がどちらに検出されるかを予測することはできない．しかし，この実験を同じ実験条件の下で多数回くり返せば，左側に検出される回数と右側に検出される回数の比が4：6になる．

　前節に述べた波動関数の確率解釈が生まれたのは，以上のような実験事実と論理的考察による．光子の場合にもそうであったが，波動性と粒子性が両立して矛盾が無いためには，波動関数の表す波が実在波ではありえない．波動関数が確率波を表すと解釈することにより，論理的に矛盾なく量子的粒子の世界を理解することができるのである．

　以上が，波動関数の確率解釈がなぜ必要かという説明である．これには少しばかり補足が必要だろう．なぜなら，多くの読者はここで次のように思うに違いない．「なるほど，そう考えれば実験事実を説明できるだろう．論理的にはそれで矛盾が無いかもしれない．けれども，ぼくは/わたしはわかったような気がしない」と．

　それでは，「わかる」とは一体どういうことなのだろうか．"確率波"というようなものは，われわれの日常世界には存在しない．だから，日常世界の言葉と日常世界の論理だけですべてを理解しようとすれば，量子力学は永遠に「わからない」ことになる．ここでは「わかる」という言葉の意味を広げて，論理的に矛盾が無い記述方法が得られたということで満足するしかない．そのため，もどかしい感じが絶えずつきまとうかもしれないが，具体的な問題に接して考える経験を積んでいけば，わたしなりの/ぼくなりのイメージを量子の世界について作り上げることは，できるはずである．

　[問題 4.16]*　プログラム TunnelMovie.exe を実行して，図4.2の状況を動画により観察せよ．ポテンシャルの山の高さはいろいろに（負にも）変えられる．

§4.9 測定による状態の変化

古典力学では,測定により物理系の状態が変化することはないが,量子的粒子は測定により一般にその状態を変える.これは,量子力学での測定の重要な特性である.

位置 x_0 を中心とする区間 $\varDelta x$ 内で粒子を検出する実験を行った場合,もしも粒子が検出されなければ,波動関数はもと通りシュレーディンガー方程式 (4.1) にしたがって時間変化を続ける.しかし,もしも位置 x_0 に検出されれば,検出直後の波動関数はもはや $\varPsi(x, t)$ ではなく,x_0 に局在した状態に突然変化する.

なぜ,状態が測定によりそのように変化するのだろうか.実験を行ったとき,粒子は検出されることもあるし,されないこともある.検出される確率は $|\varPsi(x_0, t)|^2 \varDelta x$ である.

粒子が検出された場合を考えてみよう.粒子が位置 x_0 に検出されたなら,その直後に引き続いて,同じ実験を行ってみよう.そうすると,100%の確率で粒子が同じ位置 x_0 に検出されるはずである.[†]

100%の確率で x_0 に検出されるためには,もとの波動関数 $\varPsi(x, t)$ のままのはずがない.粒子が検出されたならば,その直後の状態(波動関数)は x_0 に局在していなければならない.そうなっていて初めて,第2回の実験で100%の確率で検出される.

測定により量子的粒子の状態が突然変化するのは,以上の理由による.

ただし,特別の場合には変化が起こらない.それは,§4.5 の第IV項の場合や [問題 4.12] のような場合である.この場合には,粒子の状態が測定される物理量の固有状態になっているので,測定される値は100%の確率で

[†] 第1の測定の直後に同じ力学変数をもう一度測定すれば,第2の測定の結果は,第1の測定の結果と同じであるに違いない.これをディラックは"物理現象の連続性 (physical continuity)"とよんだ.ディラック:「量子力学」(岩波書店) §10.

その固有値である．

ここまで説明すればもうわかるかもしれないが，粒子が位置 x_0 に検出された直後の状態は，位置演算子 $\hat{x}$ の固有状態である．その固有値は，もちろん x_0 である．

[**問題 4.17**]* 測定による状態の変化は，プログラム PsiMovie.exe を実行することにより視覚的に理解できる．このプログラムを再び実行し，「観測」ボタンを押して測定を行うと，粒子が検出された場合には波動関数が急激に変化することを観察せよ．また，ディラックの言う"物理現象の連続性"を確かめよ．

[**問題 4.18**] 32 ページに示した位相空間の図 3.1 において

(1) 粒子の位置を測定した直後の状態は，この図の中のどの"ぼやけ"に対応するか？

(2) この図の B は，どんな物理量を測定した直後の状態に対応するか？

[**問題 4.19**] 波動関数 $\Psi(x,t)$ が規格化されているものとして，積分 (4.21) が何を意味するかを述べよ．

[**問題 4.20**] 自由粒子について

(1) 時間を含むシュレーディンガー方程式を示せ．

(2) その一つの解が $e^{ikx} e^{-i\hbar k^2 t/2m}$ であることを示せ．

(3) 一般解を示せ．

[**問題 4.21**] 調和振動子について

$$\psi(x) = N\, x \exp\left(-\frac{1}{2} a^2 x^2\right) \tag{4.35}$$

という形の波動関数を仮定して，これがシュレーディンガー方程式を満たすように定数 a とエネルギー固有値 E を決めよ．

確　率

たいていの人は，誰に教えられなくても，確率とはどんなものかよく理解している．それほど，われわれの日常生活には確率概念が浸透している．宝くじを買うとか，ゲームをするなどというのは，確率について何かを考える良い機会である．

筆者自身が学生だった頃を振り返ってみると，"確率"という言葉が物理で大手を振って，それも二度も出てきたのには正直言ってびっくりした．"統計力学"という科目名を聞いて，"統計"と"力学"がどう結びつくのか不思議に思ったものである．

量子力学を学ぶ多くの読者は，それと並行して統計力学も学ぶのが普通だろう．だから，両方の科目で"確率"が出てくると，量子力学の"確率"と統計力学の"確率"に何か違いがあるのだろうか——とか，自分がこれまでに理解しているつもりの"確率"と何か違いがあるのだろうか——と心配になるかもしれない．

結論を言えば，そういう心配の必要はあまり無い．"アンサンブル平均"などと言われても驚くにはあたらない．これまでによく知っている確率概念を，物理でわかりやすいように精密化しているのだと思えばよい．"等重率の原理"と言われたら，「宝くじは，1枚1枚どれも当たりやすさが同じなのだから」とか「サイコロの目はどれも出やすさが同じなのだから」と思えばよい．ただ，統計力学の場合には，取扱う粒子の個数がべらぼうに大きいという特殊事情がある．このため，確率を使って計算された巨視的な物理量が実質的に確定値をとるという，日常の確率経験からは想像もつかないようなことが起こる．

量子力学の場合の確率も，統計力学の確率と大きな違いは無い．ただ，ひとつだけ気をつけなければならないことがある．それは，量子力学で"確率"と言うときには，あくまでも，「測定を行う」ということが前提である．量子力学では，測定を実際に行わずに物理量の値がいくらいくらであると言うことは許されない．このことを裏返しに言えば，量子力学を学び始めたばかりの人が安易に"確率"という言葉を使うのは避けた方がよい．「粒子が x と $x+dx$ の間に見出される確率」と言う代りに，面倒なようでも「粒子を検出する実験を多数回行ったときに x と $x+dx$ の間に検出される回数」という言いかえができるようにしておく必要がある．量子力学の"確率"とは，そういうことがわかっている人が使う言葉である．

5 波束と群速度

本書はこれまで，波束を重視する記述になっている．波束は，不確定性関係を理解するときにも（§3.4）波動関数の確率解釈を理解するときにも（§4.8）重要であった．要するに，量子的粒子と古典的粒子の類似点/相違点を明らかにする上で，波束は重要である．

波束に関連して，分散，群速度というような概念も大切である．これらは，本来は「波動」という名前の分野で学習すべきものである．しかし，量子力学の学習に入る前に群速度まで一通り理解しているという読者は，現実には少ない．そこで，分散がある場合の波動について，ここでまとめて取扱うことにする．この章でとり上げる内容は波動一般に関することなので，量子力学でももちろん使うが，それ以外の分野でも知っていると役に立つ．

§5.1 位相速度

既に§3.3で述べたように，波数 k，角振動数 ω で x 軸の正の方向に進む振幅 A の平面波は

$$\Psi(x,t) = A\,e^{i(kx-\omega t)} \tag{5.1}$$

により記述される．これを，質量 m の自由粒子の波動関数

$$\Psi_k(x,t) = e^{ikx}\,e^{-iE(k)t/\hbar} \tag{4.18}$$

と比べると，

$$\omega = \frac{E(k)}{\hbar} = \frac{\hbar k^2}{2m} \quad \text{(物質波の場合)} \tag{5.2}$$

となっていることがわかる．角振動数 ω と波数 k を結ぶこのような関係

$$\omega = \omega(k) \tag{5.3}$$

を一般に **分散関係** という．よく知られているように，音や光の場合には

$$\omega = ck \quad (音, 光, 電波の場合) \tag{5.4}$$

が成り立つ．ここで，定数 c は音または光の速度である．このように ω が k に比例するとき，**分散が無い** という．比例以外のすべての場合に，**分散がある** という．たとえば，物質波では分散がある．

[**問題 5.1**] 音や光の分散関係 (5.4) を振動数 ν と波長 λ により書き直せ．

[**問題 5.2**] 音や光の場合には，(5.1) の $\Psi(x,t)$ が $x - ct$ の関数であることを示せ．これにより，波の速度が波数によらないことがわかる．

[**問題 5.3**] 分散がある波の例として物質波の場合 (5.2) を考え，前問と同様に (5.1) の $\Psi(x,t)$ の振舞を調べることにより，波の速度が波数に依存することを示せ．

分散関係 (5.4) は光について成り立つが，正確に言うと，それは真空中の場合である．光が物質（たとえば，ガラス）の中を通る場合には，分散関係は

$$\omega = \frac{c}{n} k \tag{5.5}$$

となる．ここで，n は屈折率である．屈折率 n が光の波長に依存する場合には，波長の違い（色の違い）により光を分けることが可能である．プリズムによる分光はこれを利用したものである．分散という言葉は，これに由来する．

このほかに分散関係がよく知られているのは，水の波である．重力が原因となる水の波（重力波）では，

$$\omega = \sqrt{gk} \tag{5.6}$$

となり，表面張力が原因となる水の波（表面張力波）では

§5.1 位相速度

$$\omega = \sqrt{\frac{Tk^3}{\rho}} \tag{5.7}$$

となる．ここで，g は重力加速度，T は水の表面張力，ρ は密度である．

分散関係が与えられていれば，一般に，それから2種類の速度を求めることができる．

$$\text{位相速度：} \quad v_\phi \equiv \frac{\omega}{k} \tag{5.8}$$

$$\text{群速度：} \quad v_\text{g} \equiv \frac{\mathrm{d}\omega}{\mathrm{d}k} \tag{5.9}$$

位相速度を使うと，波 (5.1) の位相を

$$kx - \omega t = k(x - v_\phi t)$$

と書くことができる．したがって，位相速度とは，波の節（変位がゼロになる点）や山（極大点），谷（極小点）が動いていく速度である（図5.1）．これに対して，以下に見るように，群速度は，波束が動いていく速度を与える．

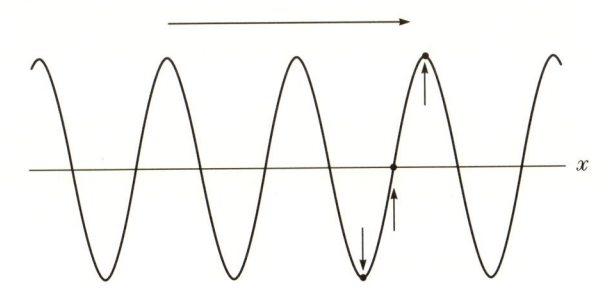

図5.1 進行波の位相速度を知りたければ，その波の節，山，谷などに注目して，運動を追いかければよい．

[**問題** 5.4] 音や光の場合には，位相速度と群速度が等しいことを示せ．

[**問題** 5.5] 振動数を一定として考えると，屈折率が大きな物質の中では，光の波長は長くなるか/短くなるか？

§5.2 群速度

群速度 (5.9) の意味を調べるために,ほぼ等しい波数 k_1, k_2 をもつ2つの実数の波

$$\Psi_1(x, t) = \cos(k_1 x - \omega_1 t)$$
$$\Psi_2(x, t) = \cos(k_2 x - \omega_2 t)$$

の重ね合わせ

$$\Psi(x, t) = \Psi_1(x, t) + \Psi_2(x, t) \tag{5.10}$$

をとってみる.ここで,ω_1 と ω_2 はどちらも分散関係 (5.3) により決まる角振動数

$$\omega_1 \equiv \omega(k_1), \qquad \omega_2 \equiv \omega(k_2)$$

である.

重ね合わせの結果は,[問題 1.3] と同様に,三角関数の公式を使って

$$\Psi(x, t) = 2\cos\left(\frac{k_1 - k_2}{2}x - \frac{\omega_1 - \omega_2}{2}t\right)\cos\left(\frac{k_1 + k_2}{2}x - \frac{\omega_1 + \omega_2}{2}t\right) \tag{5.11}$$

となる.この形は2つの波の積になっている.k_1 と k_2 がほぼ等しい状況を考えているので,後の因子は Ψ_1, Ψ_2 にほとんど同じである.これに対して,前の因子は,$k_1 - k_2$ が小さいので,空間的にゆっくり変動する波を表す.したがって,この両者の積 $\Psi(x, t)$ は,図5.2 に示すような形をもつ.つまり,前の因子が全体の包絡線になっている(この図に自分で包絡線を描き込んで考えるとよい).この包絡線が動いていく速度は

$$\frac{t\,\text{の前の係数}}{x\,\text{の前の係数}} = \frac{\omega_1 - \omega_2}{k_1 - k_2} \approx \frac{d\omega}{dk} = v_g \tag{5.12}$$

すなわち,群速度に等しい.

このように,群速度 v_g は,波そのものの速度ではなく,波の塊(波束)の速度を意味する.したがって,量子的粒子の速度とつながりをもつのは,群

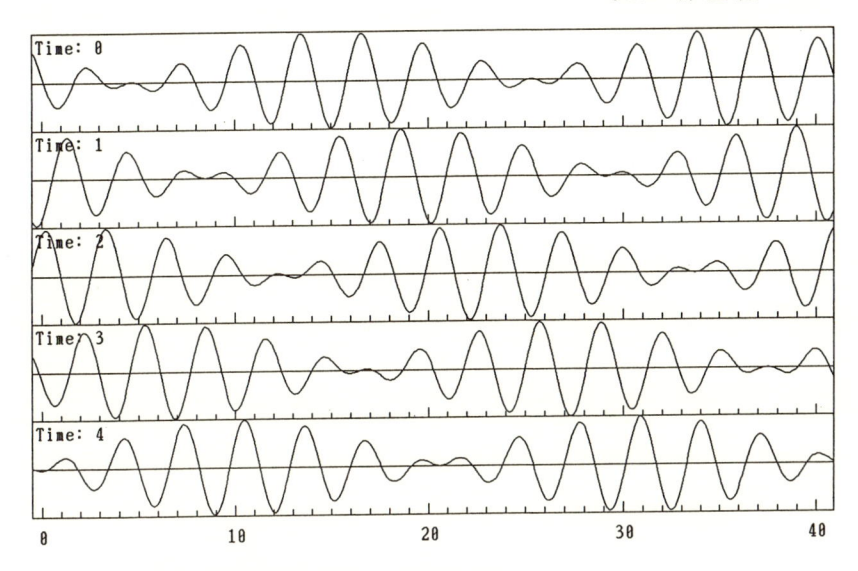

図 5.2 波数のほぼ等しい 2 個の平面波の重ね合わせ (5.11) が時間とともに変化していく様子

速度であって，位相速度ではない．

[**問題 5.6**] 物質波の分散関係は (5.2) である．物質波の位相速度と群速度を求めよ．両者はどんな関係にあるか？

[**問題 5.7**] 以前に出てきた

$$p = \hbar k \tag{3.12}$$

という (ド・ブロイの) 関係を思い出すと，物質波の群速度は古典的粒子の速度 v とどんな関係にあるか？

[**問題 5.8**] なぜ (3.12) をド・ブロイの関係とよべるのか？

[**問題 5.9**] 位相速度と群速度の違いを理解するために，図 5.2 について以下の作業を行え．

（1） 時刻 $t = 0$ に $x = 15$ にある波の谷に注目し，時間の経過とともにこの谷がどう動いていくか目印を記入せよ．

（2） 上につけた目印の移動速度から知られるのは，位相速度か/群速度か？

（3） 次に，これらの波に対して適当に包絡線を引け．包絡線のピーク位置は，時刻 $t=0$ のとき $x=15$ にある．時間の経過とともにこのピーク位置がどこへ動いていくか目印をつけよ（大まかでよい）．

（4） いま記入した目印の移動速度から知られるのは，位相速度か/群速度か？

（5） 位相速度と群速度の大きさを求め，その結果から分散関係を推定せよ．

[**問題 5.10**] 分散関係が

$$\omega = ck^n \quad (\text{ただし，} c \text{と} n \text{は定数})$$

のとき，位相速度と群速度の間にどんな関係が成り立つか？

§5.3 波束と群速度

前節では，わかりやすいように 2 個の波を重ね合わせたが，実際には，数多くの波を重ね合わせて，(3.15) や (4.19) のようにして波束を作る．(5.2) の ω を使うと，波束 (4.19) は

$$\Psi(x,t) = \int_{-\infty}^{\infty} A(k)\, e^{i(kx-\omega t)}\, dk \tag{5.13}$$

と書ける．前にも説明したように，$A(k)$ は $k=k_0$ にピークをもつ重み関数である（39 ページ，図 3.3）．このような波束 $\Psi(x,t)$ は，一般に

（1） 波形を変えながら（崩れながら）

（2） 群速度 v_g で

動いていく．

ただし，例外として，分散が無い波の場合には波形が変化しない．したがって，音や電磁波はその波形を変えることなしに遠くまで伝わる．ボイジャー 2 号が 1989 年 8 月に 44 億 km 離れた海王星の画像信号を地球に送り届けることができたのは，電波に分散が無いおかげである．

一般に，波形が変化するかしないかを見れば，分散があるか無いかを一目で知ることができる．これは，次のようなたとえにより理解できる．マラ

§5.3 波束と群速度

ソンのランナーが一団となって走っている情景を思い浮かべよう．もしもすべてのランナーが等しいスピードで走れば (分散が無い場合)，団子になって走る状態はいつまで経っても変わらない．しかし，ランナーによりスピードが異なれば (分散がある場合)，足の速い人は前に出て，遅い人は後に残るから，集団 (波束) の形は時間とともに変化する．

[問題 5.11] 図 5.2 の波には分散があるか？ 図を見て直ちに答えよ．

[問題 5.12] 分散が無い場合，すなわち，分散関係が (5.4) の場合には，波束 (5.13) が

　(1) 波形を全く変えずに

　(2) 速度 c で

動いていくことを示せ．

[問題 5.13] 図 5.3 の波には分散があるか？ 図を見て直ちに答えよ．

[問題 5.14] 表面張力波の分散関係 (5.7) の下で波束の時間変化を描いたのが，

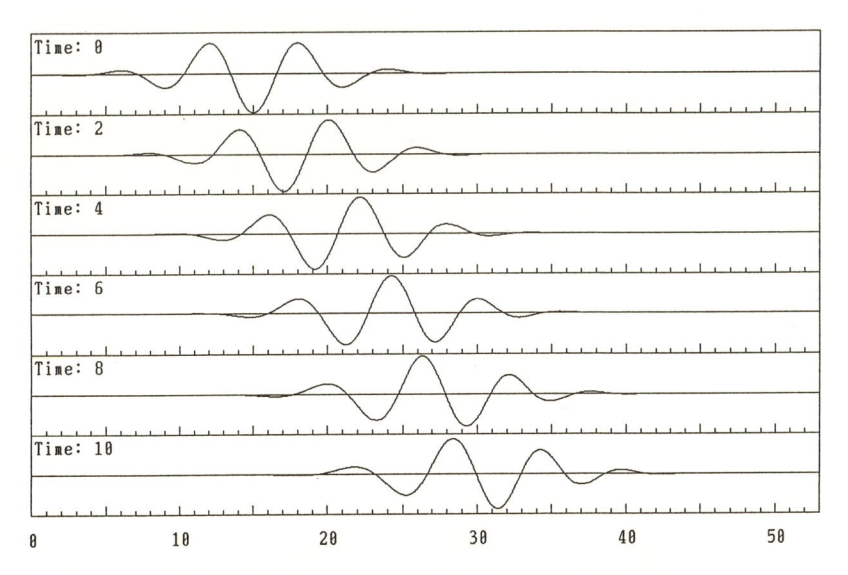

図 5.3 表面張力波の波束が時間とともに変化する様子

図5.3である．この図について，[問題5.9]の(1)〜(5)の作業を行え．

[**問題5.15**]* プログラム Waves.exe を実行すると，5種類の異なる分散関係について，図5.3のような波形を観察できる．それぞれの場合について簡単な説明も画面に表示される．これらの画面により，位相速度と群速度の違いがさらによく理解できるはずである．

[**問題5.16**] 波束 (5.13) のピーク位置が群速度 v_g で動くことは，次のような一般的考察から導くことができる．

(5.13) を一般化して

$$I = \int_{-\infty}^{\infty} A(k)\, e^{iBf(k)}\, dk \tag{5.14}$$

という積分を考えよう．ここで，B はある程度大きな定数だと考えている．$f(k)$ は k の関数であり，関数 $A(k)$ は $k = k_0$ にピークをもつ．

基本になるのは，読者が波の干渉についてよく知っているように，「位相が異なる波は互いに打ち消し合い，位相が似かよった波は強め合う」という事実である．いまは B が大きいから，k がわずかに異なる波は異なる位相をもつので，原則としてすべての波が打ち消し合う．ただし例外がある．それは，$f(k)$ がゆるやかに変化するような領域である．そのような領域では，位相 $Bf(k)$ が k の関数としてゆっくりと変化するので，被積分関数が強め合う．このように考えて，積分 (5.14) が大きな値をとるための条件が

$$\left.\frac{df(k)}{dk}\right|_{k=k_0} = 0 \tag{5.15}$$

により与えられることを示せ．

[**問題5.17**] 前問の結果 (5.15) を利用して，波束 (5.13) のピーク位置 x が時間 t の関数として

$$x = v_g(k_0)\, t \tag{5.16}$$

で与えられることを示せ．ただし，$v_g(k_0)$ は中心波数 $k = k_0$ での群速度である．

[**問題5.18**] 次の式で表される波動関数 $\Psi(x, t)$ がある．

$$\Psi(x, t) = \int_{-\infty}^{\infty} A(p - p_0)\, e^{i\phi(p, x, t)/\hbar}\, dp \tag{5.17}$$

ここで，$A(p-p_0)$ は $p=p_0$ に鋭い最大値をもつ関数であり，位相 $\phi(p,x,t)$ は

$$\phi(p,x,t) = (p+ft)x - \frac{1}{2m}\left(p^2 t + pft^2 + \frac{1}{3}f^2 t^3\right) \quad (5.18)$$

と定義されている．f は定数である．

（1） この波束のピーク位置 x を時間 t の関数として求めよ．

（2） この波束はどのような運動を表しているか？

（3） この波動関数 $\Psi(x,t)$ を時間を含むシュレーディンガー方程式に代入して，ハミルトニアン $\hat{H}$ を推測せよ．

6 1次元ポテンシャル散乱，トンネル効果

この章では，ポテンシャル $V(x)$ により粒子が反射／透過する1次元問題を取扱う．初めて量子力学を学ぶ場合には，その一般論（第9章）にいきなり挑戦するよりも，このような具体的な問題に慣れ親しんでおく方が，量子力学を理解する近道となる．

§6.1 確率の流れ

はじめに，後続の節の準備として確率流密度というものを導入しよう．質量 m の粒子がポテンシャル $V(x)$ の中を運動するとき，その波動関数 $\varPsi(x,t)$ はシュレーディンガー方程式

$$-\frac{\hbar^2}{2m}\frac{\mathrm{d}^2\varPsi}{\mathrm{d}x^2} + V(x)\,\varPsi = \mathrm{i}\hbar\frac{\partial\varPsi}{\partial t} \tag{6.1}$$

にしたがう．時刻 t に位置 x を中心とする微小区間 $\varDelta x$ の中に粒子が見出される確率が $|\varPsi(x,t)|^2\varDelta x$ であるから，

$$P(x,t) \equiv |\varPsi(x,t)|^2 \tag{6.2}$$

を**確率密度**（すなわち，単位長さ当たりの確率）とよぶ．$P(x,t)$ は一般に時間 t の関数であるから，確率は時間とともに変動する．したがって，確率は流れている．この流れを表すのが，**確率流密度**とよばれる量

$$S(x,t) = \frac{\hbar}{2\mathrm{i}m}\left(\varPsi^*\frac{\partial\varPsi}{\partial x} - \frac{\partial\varPsi^*}{\partial x}\varPsi\right) \tag{6.3}$$

である．右辺の星印は複素共役を意味する．

この S の意味を理解するために，図 6.1 のような領域をとって考えよう．区間の幅 Δx は十分小さいものとする．(6.1) を使うと，$P(x, t)$ と $S(x, t)$ の間には

$$-\frac{\partial S}{\partial x} = \frac{\partial P}{\partial t} \tag{6.4}$$

が成り立つ（[問題 6.4]）．この両辺を図 6.1 の x から $x+\Delta x$ まで積分すると

$$-\int_x^{x+\Delta x} \frac{\partial S}{\partial x} \, \mathrm{d}x = \frac{\partial}{\partial t} \int_x^{x+\Delta x} P \, \mathrm{d}x$$

が得られる．左辺は普通に積分できて，すぐ下の式のようになる．右辺では，Δx が微小なので，この積分を $P\Delta x$ により近似できて，その結果は

$$S(x) - S(x+\Delta x) = \frac{\partial}{\partial t}(P\Delta x) \tag{6.5}$$

となる．この式の右辺は，図の領域内での確率の増加率（単位時間当たりの確率の増加）を意味する．一方，左辺の $S(x)$ は単位時間内の領域内への確率の流入量を表し，$S(x+\Delta x)$ は単位時間内の領域外への確率の流出量を意味する——このように解釈すれば，(6.5) は

$$\begin{pmatrix} 単位時間内に \\ 流入する確率 \end{pmatrix} - \begin{pmatrix} 単位時間内に \\ 流出する確率 \end{pmatrix} = \begin{pmatrix} 領域内の確率の \\ 増加率 \end{pmatrix}$$

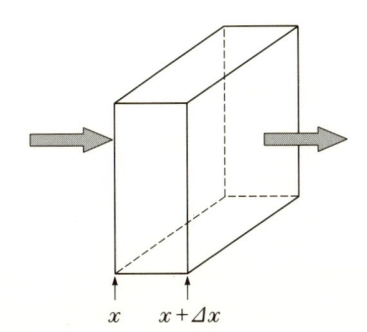

図 6.1　(6.5) が確率の保存を意味することの説明図

と読めるから，(6.4)，(6.5)を，確率の保存を表す式として理解できる．このように，何かの量（いまの場合には，確率）が保存することを表現する(6.4)のような式を，物理では一般に**連続の方程式**という．

上に述べたSの意味は，わかりにくいかもしれない．古典力学でのこれに対応するイメージは，図6.1のような境界面を通って1秒間に入ってくる粒子の個数である．あるいは，図6.1に示した箱を仮に粒子検出器（左側から入射する粒子を検出する）と見なせば，1秒間にこの検出器で検出される粒子の個数がSである．

[**例題**] 平面波$\psi(x) = A\,e^{ikx}$が与える確率流密度Sを求めよ．Aは複素数の定数である．

[**解**] 確率流密度の定義(6.3)により

$$S(x,t) = \frac{\hbar}{2im}\left(\psi^*\frac{\partial \psi}{\partial x} - \frac{\partial \psi^*}{\partial x}\psi\right)$$

$$= \frac{\hbar}{2im}(A^*\,e^{-ikx}(ikA\,e^{ikx}) - (-ikA^*\,e^{-ikx})A\,e^{ikx})$$

$$= \frac{\hbar k}{m}|A|^2$$

この波動関数は（kが正であるとして）右向き進行波を表すから，確率流密度の符号は$S > 0$である．すなわち，確率は左から右に向かって流れている．

[**問題6.1**] 波動関数$\psi(x) = A\,e^{ikx} + B\,e^{-ikx}$が与える確率流密度を計算せよ．$A, B$は複素数の定数である．

[**問題6.2**] 波動関数$\psi(x) = e^{ikx}\,u(x)$が与える確率流密度を計算せよ．ただし，$u(x)$は実関数である．

[**問題6.3**]（Sの単位と意味） 3次元の波動関数を(4.24)のように規格化すると，$|\Psi|^2$は（長さ）$^{-3}$という次元をもつ．あるいは，この規格化の式を「粒子の個数を全体として1個に規格化した」と読むならば，$|\Psi|^2$は個/m^{3}という単位をもつと考えられる．

(1) このように考えたとき，確率流密度Sの単位を示せ．

（2） その単位から S の意味を推測せよ．

[**問題 6.4**] 波動関数 $\Psi(x,t)$ がシュレーディンガー方程式 (6.1) を満たすことを用いて，(6.4) を証明せよ．

§6.2　階段ポテンシャルへの衝突

図 6.2 に示す階段ポテンシャルにエネルギー E をもつ質量 m の粒子が左から入射する場合を考えよう．ポテンシャル $V(x)$ は

$$V(x) = \begin{cases} 0 & (\text{領域 I}, \ x < 0) \\ V_0 & (\text{領域 II}, \ x > 0) \end{cases} \tag{6.6}$$

により与えられる．

このポテンシャルについて，時間を含まないシュレーディンガー方程式

$$-\frac{\hbar^2}{2m}\frac{d^2\psi}{dx^2} + V(x)\psi = E\psi \tag{4.7}$$

を解いて，波動関数 $\psi(x)$ を求めればよい．(4.7) は，いまの場合

$$\text{領域 I}: \quad -\frac{\hbar^2}{2m}\frac{d^2\psi}{dx^2} = E\psi \tag{6.7}$$

$$\text{領域 II}: \quad -\frac{\hbar^2}{2m}\frac{d^2\psi}{dx^2} + V_0\psi = E\psi \tag{6.8}$$

である．領域 I では，(4.15) と同様に

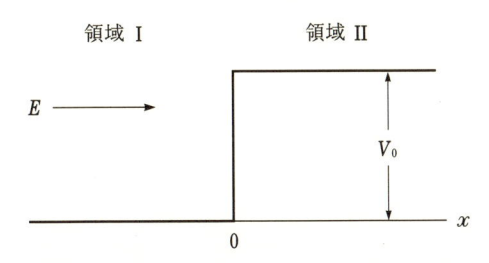

図 6.2　高さ V_0 のポテンシャル階段にエネルギー E をもつ粒子が左から入射している．

と置くことにより，(6.7) の解が

$$\psi_I(x) = A\,e^{ikx} + B\,e^{-ikx} \tag{6.10}$$

で与えられる．右辺の第1項は入射波を，第2項は反射波を表す．

次に領域IIでの波動関数 $\psi_{II}(x)$ を考えるのだが，これは E と V_0 の大小関係により異なる．そこで，この2つの場合を分けて考える．

$E > V_0$ の場合

この場合には

$$E - V_0 = \frac{\hbar^2 \alpha^2}{2m} > 0 \tag{6.11}$$

と置く．すると，微分方程式 (6.8) が

$$\frac{d^2\psi}{dx^2} + \alpha^2 \psi = 0$$

となるので，その一般解は

$$\psi_{II}(x) = C\,e^{i\alpha x} + D\,e^{-i\alpha x}$$

である．右辺の第1項は右向きの進行波，すなわち透過波を表す．右辺第2項は右からの入射波を表している．いまは粒子が左から入射する状況を考えており，右からの入射は無いので

$$D = 0$$

と置く．この結果，領域IIでの波動関数が

$$\psi_{II}(x) = C\,e^{i\alpha x} \tag{6.12}$$

となる．

次に，この2つの領域の波動関数をつなぐ．接続の条件は，$x = 0$ で

$$\psi_I = \psi_{II} \tag{6.13}$$

$$\frac{d\psi_I}{dx} = \frac{d\psi_{II}}{dx} \tag{6.14}$$

である．すなわち，波動関数とその導関数が境界の点で連続になるようにつ

なぐ．この条件は，確率流密度 S の連続性を保証するために必要である．
この接続の結果

$$\frac{B}{A} = \frac{k-\alpha}{k+\alpha}, \qquad \frac{C}{A} = \frac{2k}{k+\alpha} \qquad (6.15)$$

が得られる（[問題 6.5]）．これで全領域の波動関数が求められた．

次に，確率流密度 S を計算する．入射波，反射波，透過波の確率流密度は，定義式 (6.3) により，それぞれ

$$S_{入射} = \frac{\hbar k}{m}|A|^2, \qquad S_{反射} = -\frac{\hbar k}{m}|B|^2, \qquad S_{透過} = \frac{\hbar \alpha}{m}|C|^2 \qquad (6.16)$$

と求められる．これを用いて，

$$反射率： \quad R = \frac{|S_{反射}|}{S_{入射}} = \frac{|B|^2}{|A|^2} = \frac{(k-\alpha)^2}{(k+\alpha)^2} \qquad (6.17)$$

$$透過率： \quad T = \frac{S_{透過}}{S_{入射}} = \frac{\alpha|C|^2}{k|A|^2} = \frac{4k\alpha}{(k+\alpha)^2} \qquad (6.18)$$

が得られる．どちらの量も確率流密度 S の比として定義される．その理由は §6.1 で述べた確率流密度の意味から理解できる．当然のことながら，反射率と透過率の和は 1 に等しい．

透過率を求めるとき，単純に確率密度の比として

$$透過率： \quad T = \frac{|C|^2}{|A|^2} \qquad [\times]$$

により計算するのは，（よくやる）間違いである．これでは，反射率と透過率の和が 1 にならない．確率密度の比ではなく，確率流密度の比を計算する必要がある．

[**問題 6.5**] 境界条件 (6.13)，(6.14) を $x=0$ で使うことにより，(6.15) を導け．

[**問題 6.6**] (6.18) に得られた透過率 T をエネルギー E の関数として表し，そのグラフをスケッチせよ．

[**問題 6.7**] V_0 より大きなエネルギー E をもつ粒子が図 6.2 のポテンシャルに

衝突する場合，古典力学と量子力学ではどのような定性的違いがあるか？

シュレーディンガー方程式を解く手順

シュレーディンガー方程式の解き方には，ある程度決まった手順がある．上の例について，これをまとめてみよう．

［1］ ポテンシャルの形に応じて，いくつかの領域に分けて考える．
［2］ それぞれの領域でシュレーディンガー方程式（微分方程式）の解を求める．
［3］ 問題に与えられた条件を考慮する．上の例では，右からの入射波が無いことを考慮して，$D=0$ とおいた．
［4］ 境界条件 (6.13)，(6.14) を課して，異なる領域での波動関数を接続する．この接続条件は，確率流密度 S の連続性を保証する．

$E < V_0$ の場合

この場合には，入射粒子が右側へ通り抜けることができないから，透過率は 0 であり，反射率が 1 になる．(6.11) の代りに

$$V_0 - E = \frac{\hbar^2 \beta^2}{2m} > 0 \tag{6.19}$$

と置く．すると，領域IIにおける微分方程式 (6.8) が

$$\frac{\mathrm{d}^2 \psi}{\mathrm{d} x^2} - \beta^2 \psi = 0$$

となるので，その一般解は

$$\psi_{\mathrm{II}}(x) = C\,\mathrm{e}^{-\beta x} + D\,\mathrm{e}^{\beta x}$$

である．右辺第1項は x とともに減衰する波を表し，第2項は発散する波を表す．このうち，第2項は，$x \to \infty$ の極限で無限大になるので，波動関数の物理的意味（絶対値の2乗が確率密度を意味する）に照らして許されない．したがって，$D=0$ でなければならない．この結果，領域IIでの波動関数が

$$\psi_{\mathrm{II}}(x) = C\,e^{-\beta x} \tag{6.20}$$

となる．接続条件 (6.13)，(6.14) により $\psi_{\mathrm{I}}(x)$ と $\psi_{\mathrm{II}}(x)$ を $x=0$ でつなぐと

$$\frac{B}{A} = \frac{k - i\beta}{k + i\beta}, \qquad \frac{C}{A} = \frac{2k}{k + i\beta} \tag{6.21}$$

が得られる．これで，全領域の波動関数が求められた．

[問題 6.8] 境界条件 (6.13)，(6.14) を使うことにより，(6.21) を導け．

[問題 6.9] (6.21) を用いて，反射率 R が 1 に等しいことを示せ．

[問題 6.10] 反射波の振幅 B と入射波の振幅 A の比を

$$\frac{B}{A} = e^{2i\phi(k)} \tag{6.22}$$

という形に表すとき，位相のずれ $\phi(k)$ が

$$\phi(k) = -\arctan\frac{\beta}{k} \tag{6.23}$$

と表せることを示せ．$\phi(k)$ は $k=0$ のときに最小値 $-\dfrac{\pi}{2}$ をとり，k とともに単調に増加して 0 に近づいていく．

[問題 6.11] 図 6.3 に示すような下り階段ポテンシャルに左からエネルギー E をもつ粒子が入射している．透過率を求めよ．

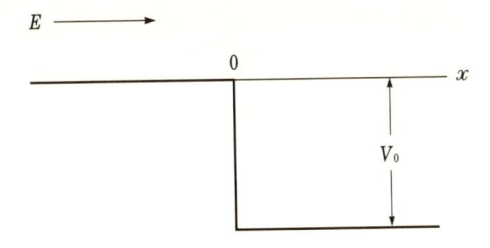

図 6.3 高さ V_0 の下り階段ポテンシャルにエネルギー E をもつ粒子が左から入射している．

[問題 6.12]* プログラム StepPot.exe を実行すると，階段ポテンシャルの場合の波動関数の様子を観察できる．実行を開始すると

80　6．1次元ポテンシャル散乱，トンネル効果

1. 階段ポテンシャルによる平面波の散乱
2. 階段ポテンシャルへのガウス型波束の衝突

という選択画面が現れるので，1番を選択しよう（2番は，[問題 6.15]）．すると，ポテンシャル階段の高さ V_0 をいくらにするかをきいてくる．このプログラムでは，入射粒子のエネルギーを $E = 0.5$ に固定してある．$m = \hbar = 1$ という単位を採用しているので $k = 1$ となっている．ポテンシャルの高さ V_0 をいろいろに変えて反射波と透過波がどう変わるかを観察してみよう．V_0 として，図 6.3 の場合のように，負の値を指定することも許される．画面に表示されるのは，波動関数の実部である．

波束の衝突

ここまでは，平面波 $A\,\mathrm{e}^{\mathrm{i}kx}$ が入射する場合を考えてきた．けれども，これだけではよくわかったという気持ちがしないのが普通だろう．なぜなら，実際の衝突では粒子をぶつけるのに，上の計算では平面波をぶつけているので，"衝突"というイメージが乏しいからである．この計算を粒子像とつなげるには，平面波を重ね合わせて波束（つまり，波の塊）を構成し，波束の波動関数がどのように時間変化するかを見ればよい．

入射波の波束は，既に第4章に出てきた (4.19) と同じく

$$\Psi_{\text{入射}}(x, t) = \int_{-\infty}^{\infty} A(k)\,\mathrm{e}^{\mathrm{i}kx}\,\mathrm{e}^{-\mathrm{i}E(k)t/\hbar}\,\mathrm{d}k \qquad (6.24)$$

である．ここで，$A(k)$ が $k = k_0$ にピークをもつ関数であるから，入射粒子のエネルギーは一定ではなく，

$$E_0 = \frac{\hbar^2 k_0{}^2}{2m}$$

を中心として広がりをもつ．

反射波の波束と透過波の波束は，(6.24) の中の入射平面波 $\mathrm{e}^{\mathrm{i}kx}$ をそれぞれ反射平面波，透過平面波で置きかえることにより得られる．たとえば，透過波の波束は

§6.2 階段ポテンシャルへの衝突   81

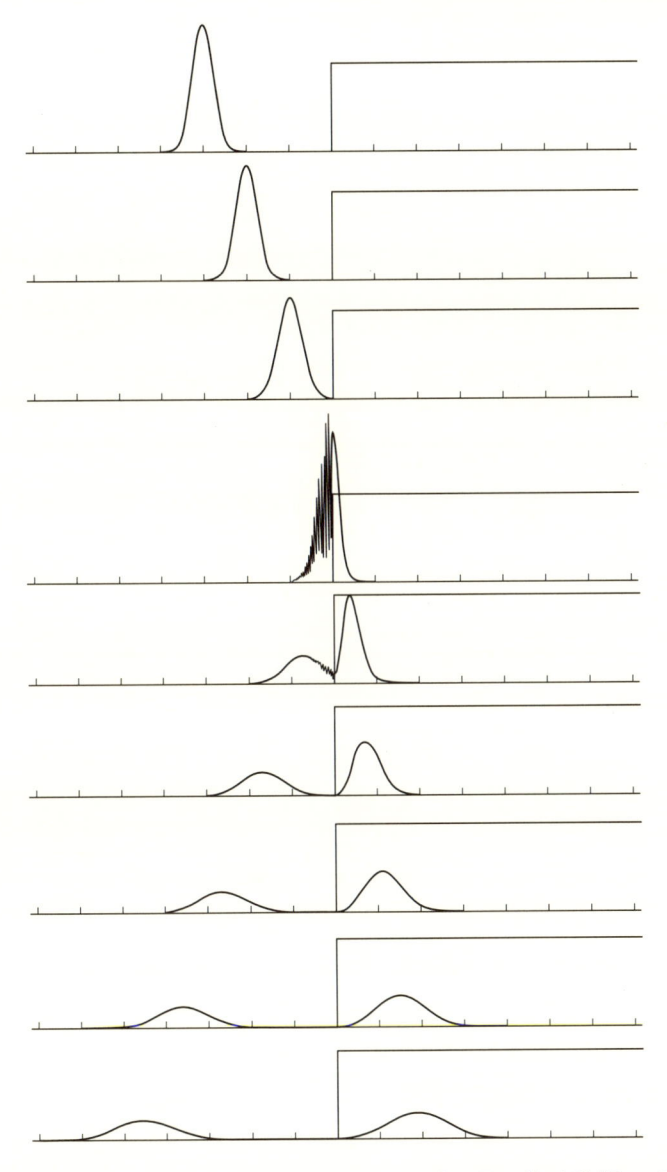

図 6.4 ポテンシャルの高さ V_0 と中心エネルギー E_0 の比が $V_0/E_0 = 0.9$ のときに，ガウス型の波束が時間変化する様子．縦軸に $|\Psi(x,t)|^2$，横軸に x をとっている．

82   6. 1次元ポテンシャル散乱，トンネル効果

$$\Psi_{透過}(x, t) = \int_{-\infty}^{\infty} \frac{2k}{k+\alpha} A(k)\, e^{i\alpha x}\, e^{-iE(k)t/\hbar}\, dk \quad (6.25)$$

により与えられる．ここで，α は k の関数であり，(6.9) と (6.11) から E を消去して得られる

$$\alpha^2 = k^2 - \frac{2mV_0}{\hbar^2} \quad (6.26)$$

により k と結ばれている．

[**問題 6.13**]　上に述べた波束の時間変化が図 6.4 に示されている．この図では，上から下へ時間が一定の間隔で進行している．入射した波束がポテンシャルの階段に衝突して，入射波と透過波に分かれていく様子がこの図から見てとれる．

（1）　時間とともに波束の幅が大きくなっていくのは，なぜか？

（2）　この図を見ると，透過波の速度は反射波の速度よりかなり遅い．その理由を説明せよ．

[**問題 6.14**]　$E_0 \ll V_0$ の場合，反射波の波束は

$$\Psi_{反射}(x, t) = \int_{-\infty}^{\infty} A(k)\, e^{-ikx + 2i\phi(k) - iE(k)t/\hbar}\, dk \quad (6.27)$$

により与えられる．

（1）　"位相が似かよった波は強め合う"という考え方（[問題 5.16]）を用いて，反射波束のピーク位置 x が時間の関数として

$$x = -\frac{\hbar k_0}{m} t + \frac{2}{\beta} \quad (6.28)$$

により与えられることを示せ．

（2）　古典力学での粒子の反射と比べて，(6.28) はどのように違うか？

[**問題 6.15**]*　プログラム StepPot.exe を実行して 2 番目を選択すると，図 6.4 のような状況を観察できる．ここでは，$m = \hbar = 1$ という単位を採用し，中心エネルギーを $E_0 = 0.5$ に固定している．したがって，中心波数は $k_0 = 1$ であり，群速度も $v_g = 1$ である．ポテンシャルの高さ V_0 をいろいろに選んで，波束が時間とともにどう変わっていくかを観察せよ．V_0 として負の値も許される．画面に表示されるのは波動関数の絶対値の 2 乗である．画面の横軸の 1 目盛の間隔は 50 で

ある．

[問題 6.16] エネルギー E をもつ粒子が高さ V_0 のポテンシャル階段に衝突するとき，古典力学にしたがう粒子（古典的粒子）と量子力学にしたがう粒子（量子的粒子）ではどんな違いがあるか？

(1) $E > V_0$
(2) $E < V_0$

の2つの場合に分けて答えよ．

§6.3 ポテンシャルの山への衝突

こんどは，図6.5のようなポテンシャルの山に左から粒子が入射する場合を考えよう．ポテンシャル $V(x)$ は

$$V(x) = \begin{cases} 0 & x < 0 & \text{（領域 I）} \\ V_0 & 0 < x < b & \text{（領域 II）} \\ 0 & b < x & \text{（領域 III）} \end{cases} \quad (6.29)$$

により与えられる．この場合の波動関数は前節と同様の手順により求められる．すなわち，3つの領域でのシュレーディンガー方程式を解き，$x = 0$, b で接続条件 (6.13), (6.14) を課する．結果は次のようになる（[問題 6.19 - 21]）．

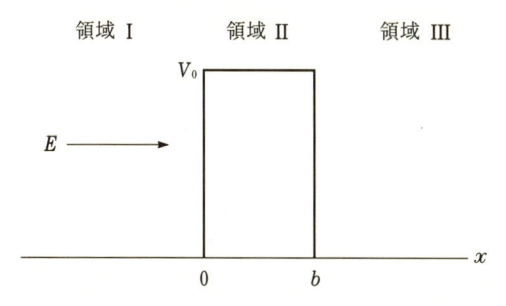

図 6.5 高さ V_0, 幅 b のポテンシャルの山にエネルギー E をもつ粒子が左から入射している．

6. 1次元ポテンシャル散乱，トンネル効果

(A)　$E - V_0 = \dfrac{\hbar^2 \alpha^2}{2m} > 0$ の場合 (6.30)

$$\psi_\text{I}(x) = A\,e^{ikx} + B\,e^{-ikx} \tag{6.30 a}$$

$$\psi_\text{II}(x) = F\,e^{i\alpha x} + G\,e^{-i\alpha x} \tag{6.30 b}$$

$$\psi_\text{III}(x) = C\,e^{ikx} \tag{6.30 c}$$

$$\left.\begin{aligned}
\dfrac{B}{A} &= \dfrac{i(\alpha^2 - k^2)\sin(\alpha b)}{D}, & \dfrac{C}{A} &= \dfrac{2k\alpha\,e^{-ikb}}{D} \\
\dfrac{F}{A} &= \dfrac{k(\alpha + k)e^{-i\alpha b}}{D}, & \dfrac{G}{A} &= \dfrac{k(\alpha - k)e^{i\alpha b}}{D} \\
D &= -i(k^2 + \alpha^2)\sin(\alpha b) + 2k\alpha\cos(\alpha b)
\end{aligned}\right\} \tag{6.30 d}$$

透過率： $T = \dfrac{|C|^2}{|A|^2} = \dfrac{1}{1 + \dfrac{V_0^2}{4E(E - V_0)}\sin^2(\alpha b)}$ (6.30 e)

(B)　$V_0 - E = \dfrac{\hbar^2 \beta^2}{2m} > 0$ の場合 (6.31)

$$\psi_\text{I}(x) = A\,e^{ikx} + B\,e^{-ikx} \tag{6.31 a}$$

$$\psi_\text{II}(x) = F\,e^{-\beta x} + G\,e^{\beta x} \tag{6.31 b}$$

$$\psi_\text{III}(x) = C\,e^{ikx} \tag{6.31 c}$$

$$\left.\begin{aligned}
\dfrac{B}{A} &= \dfrac{(k^2 + \beta^2)\sinh(\beta b)}{D}, & \dfrac{C}{A} &= \dfrac{2ik\beta\,e^{-ikb}}{D} \\
\dfrac{F}{A} &= \dfrac{k(i\beta + k)e^{\beta b}}{D}, & \dfrac{G}{A} &= \dfrac{k(i\beta - k)e^{-\beta b}}{D} \\
D &= (k^2 - \beta^2)\sinh(\beta b) + 2i\beta k\cosh(\beta b)
\end{aligned}\right\} \tag{6.31 d}$$

透過率： $T = \dfrac{|C|^2}{|A|^2} = \dfrac{1}{1 + \dfrac{V_0^2}{4E(V_0 - E)}\sinh^2(\beta b)}$ (6.31 e)

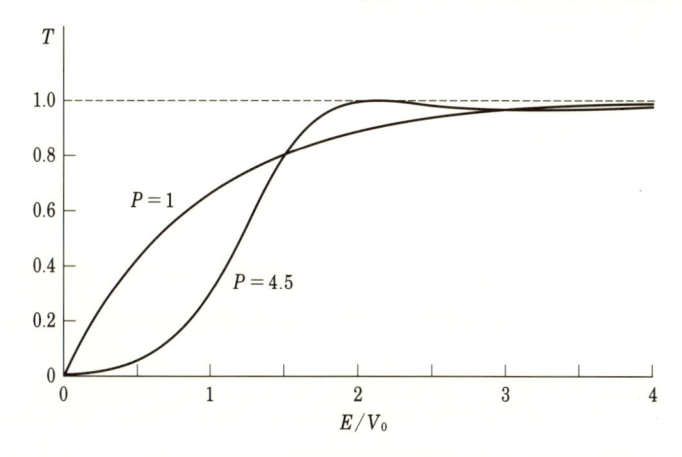

図 6.6 パラメータ $P = 1.0$, 4.5 のときの透過率. ポテンシャルの高さ V_0 を一定にして,入射エネルギー E を変えた場合.

こうして得られた透過率 T を入射エネルギー E の関数としてグラフにプロットすると,図6.6のようになる.図中のパラメータ P は

$$P = \frac{mV_0 b^2}{\hbar^2} \tag{6.32}$$

である.P が小さい場合には量子力学的効果は大きい.その反対に,P が大きくなると古典力学の場合に近づく($\hbar \to 0$ として考えるとわかりやすい).この図で特に注目すべき点は,$E < V_0$ であっても透過率 T が 0 にならないことである.これを**トンネル効果**という.

トンネル効果は量子力学に特有の現象である.古典力学の粒子ならば,そのエネルギー E が V_0 より小さければ,絶対に通り抜けることはできない.しかし,量子的粒子はその波動性のためにポテンシャルの山の中に浸みこむことができる.そして,b がさほど大きくなければ,向こう側へ通り抜けることもできる.ポテンシャルの山を乗り越えるのでなしに山の中のトンネルを通り抜けるような現象なので,この名前がある.トンネル効果は,m,V_0 が小さく(波動性が強く),b が小さい(短い距離を通り抜ける)ときに顕著

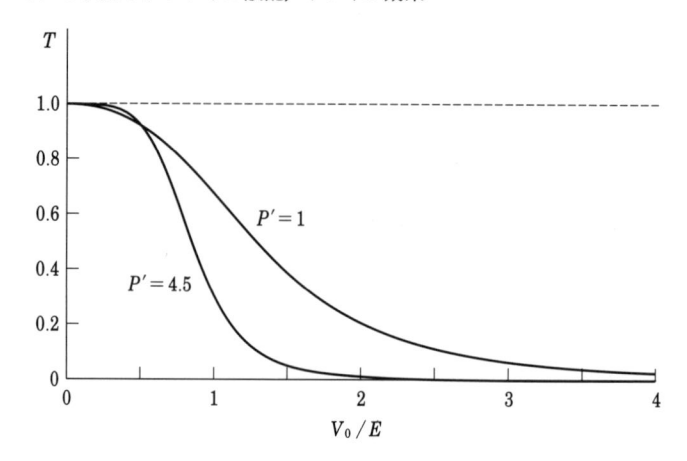

図 6.7 パラメータ $P' = 1.0, 4.5$ のときの透過率．入射エネルギー E を一定にして，ポテンシャルの高さ V_0 を変えた場合．

に現れる．

図 6.6 では V_0 を一定にしているが，その代りに，入射エネルギー E を一定にしてポテンシャルの高さ V_0 を可変にすると，透過率のグラフは図 6.7 となる．図中のパラメータ P' は

$$P' = \frac{mEb^2}{\hbar^2} \tag{6.33}$$

である．エネルギーが一定だから，V_0 を増していくと透過率は小さくなる．

[問題 6.17] 古典的な粒子の衝突の場合には，図 6.6，図 6.7 はどうなるか？

[問題 6.18] トンネル効果の確率 (6.31 e) について，以下の問に答えよ．

　(1) $E = V_0$ のときの透過率 T を P により表せ．

　(2) $b = 2 \text{Å} (= 2 \times 10^{-10} \text{m})$，$V_0 = 5 \text{eV}$ のポテンシャルの山を運動エネルギー $E = 3 \text{eV}$ の電子が通り抜ける確率を求めよ．

　(3) 同じエネルギーをもつ陽子が同じポテンシャルを通り抜ける確率を求めよ．陽子の質量は，電子の質量の約 1840 倍である．

[問題 6.19] 上に示した $E > V_0$ の場合の結果 (6.30 d) を導け．

§6.3 ポテンシャルの山への衝突　87

[**問題 6.20**]　$E < V_0$ の場合の結果 (6.31 d) は，同様の計算により求めることができる．しかし，もっと簡単な方法として，(6.30 b) と (6.31 b) を比べればわかるように，$E > V_0$ の場合の結果で

$$\alpha \to \mathrm{i}\beta$$

と置きかえてもよい．このようにして，(6.31 d) に示した結果を導け．

[**問題 6.21**]　$E < V_0$ の場合に，(6.31 d) に示されている C/A を用いて透過率 T の式 (6.31 e) を導け．

[**問題 6.22**]　$E < V_0$ の場合にシュレーディンガー方程式を解く手順を述べよ．

[**問題 6.23**]　(6.30 e)，(6.31 e) では，透過率を $|C|^2/|A|^2$ により求めている．それで正しいのであるが，本来はどうやって透過率を計算するのが正しいか？

[**問題 6.24**]　$E < V_0$ の場合の領域 II における波動関数 (6.31 b) が与える確率流密度 S を求めよ．

[**問題 6.25**]*　プログラム Tunnel.exe を実行すると，ポテンシャルの山に衝突する粒子の波動関数を観察することができる．

使い方は，前節のプログラム StepPot.exe と同じである．メニュー画面から 1 番を選ぶと，波動関数 (6.30)，(6.31) の実部が画面に表示される．入射波のエネルギーは $E = 0.5$ に固定されており，$m = \hbar = 1$ としている．V_0 の大きさをいろいろに変えて，反射波と透過波がどう変化するかを観察しよう．

2 番を選ぶと，ガウス型の波束が衝突するときの $|\Psi(x,t)|^2$ の様子が画面に表示される．パラメータの設定は，$b = 3$（したがって，$P' = 4.5$）と選んだほかは，StepPot.exe に同じである．異なる時刻の波束が画面に重ねて描かれる．ここでも，階段ポテンシャルのときと同様に，反射波束の遅れを観察できる．

なお，TunnelMovie.exe はこれの動画バージョンであり，時間を含むシュレーディンガー方程式 (6.1) をそのまま数値計算により解いている．

§6.4　デルタ関数ポテンシャルへの衝突

デルタ関数とは

デルタ関数についてこれまで何も習っていない人でも，デルタ関数のイメージは頭の中に入っている．力学でいう"質点"がそれである．質点とは，物体の質量がある一点だけに集中した点であり，このイメージを関数として一般化したのが，デルタ関数である．その定義は

$$\delta(x) = \begin{cases} 0 & x \neq 0 \text{ のとき} \\ \infty & x = 0 \text{ のとき} \end{cases} \tag{6.34}$$

$$\int_{-\infty}^{\infty} \delta(x)\,\mathrm{d}x = 1 \tag{6.35}$$

である．すなわち，原点以外の点では0であり，原点を含む区間で積分すると1になる．これをグラフに描くとすれば，原点の位置に針のように鋭いピークをもつ関数である．この定義から，デルタ関数の満たす重要な性質

$$\int_{-\infty}^{\infty} f(x)\,\delta(x-y)\,\mathrm{d}x = f(y) \tag{A 4}$$

が得られる．ここで，デルタ関数 $\delta(x-y)$ は，関数 $f(x)$ の $x = y$ における値 $f(y)$ を抜き出す役目を果たしている．

質点の例では，質量密度（単位長さ当たりの質量）$\rho(x)$ が

$$\rho(x) = m\delta(x - a) \tag{6.36}$$

と表される．m は，位置 a に置かれた質点の質量である．

なお，デルタ関数 $\delta(x)$ は，その定義からわかるように偶関数であって

$$\delta(-x) = \delta(x)$$

が成り立つ．したがって，(A 4) の左辺の $\delta(x-y)$ を $\delta(y-x)$ と書いてもよい．さらに，上の定義から，正の定数 a に対して

$$\delta(ax) = \frac{1}{a}\delta(x) \qquad (a > 0) \tag{A 5}$$

という関係も成り立つ．

§6.4 デルタ関数ポテンシャルへの衝突

[問題 6.26] (6.36) の両辺はどのような次元（あるいは単位）をもつか？

[問題 6.27] デルタ関数の定義 (6.34)，(6.35) を用いて，(A 4) が成り立つことを示せ．

デルタ関数ポテンシャル

図 6.5 のポテンシャルで，その高さ V_0 と幅 b の積

$$U_0 \equiv V_0 b \tag{6.37}$$

を一定に保ち，$b \to 0$ の極限をとると，ポテンシャル $V(x)$ がデルタ関数により表される：

$$V(x) = U_0\, \delta(x) \tag{6.38}$$

このポテンシャルによる散乱問題は，前節に得られた結果において上の極限をとれば直ちに解くことができる．しかし，ここではこの問題をそれとは切り離して，別個に考えよう．

ポテンシャルがデルタ関数の場合，これまでの計算のどこをどう変えればよいだろうか？ 原点以外では $V(x) = 0$ だから，シュレーディンガー方程式は自由粒子の場合と同じ (6.7) である．これの解は，エネルギー E を

$$E = \frac{\hbar^2 k^2}{2m}$$

と置いて

$$\begin{aligned}\psi_\mathrm{I}(x) &= A\,e^{ikx} + B\,e^{-ikx} &(x < 0) \\ \psi_\mathrm{II}(x) &= C\,e^{ikx} &(x > 0)\end{aligned} \tag{6.39}$$

により与えられる．次に，これを $x = 0$ でつなぐ．接続の条件としては (6.13) をそのまま使う．ところが，導関数の接続条件 (6.14) はそのままでは使えない．変更する必要がある．いまはシュレーディンガー方程式が

$$-\frac{\hbar^2}{2m}\frac{d^2\psi(x)}{dx^2} + U_0\,\delta(x)\,\psi(x) = E\,\psi(x) \tag{6.40}$$

であるから，原点を含む微小区間 $(-\varepsilon, \varepsilon)$ でこの両辺を積分すると，左辺第

1項はそのまま普通に積分できる．また，左辺第2項では (A 4) が使える．一方，右辺を積分した結果は $2\varepsilon E\,\psi(0)$ となるが，$\varepsilon \to 0$ の極限でこれは 0 に等しい．したがって

$$-\frac{\hbar^2}{2m}\left(\frac{\mathrm{d}\psi}{\mathrm{d}x}\bigg|_{x=\varepsilon} - \frac{\mathrm{d}\psi}{\mathrm{d}x}\bigg|_{x=-\varepsilon}\right) + U_0\,\psi(0) = 0$$

が得られる．この結果，導関数は原点において

$$\psi_\mathrm{II}'(+0) - \psi_\mathrm{I}'(-0) = \frac{2mU_0}{\hbar^2}\psi(0) \tag{6.41}$$

の跳びをもつ．すなわち，波動関数はデルタ関数の位置で折れ曲がる．もしもデルタ関数ポテンシャルが無ければ，導関数は連続であり，(6.41) は (6.14) に帰着する．

そこで，(6.13)，(6.41) により波動関数 (6.39) をつなぐ．その結果

$$\frac{B}{A} = \frac{-\mathrm{i}\beta}{k+\mathrm{i}\beta}, \qquad \frac{C}{A} = \frac{k}{k+\mathrm{i}\beta} \tag{6.42}$$

が得られる ([問題 6.30])．ただし，β は

$$\beta = \frac{mU_0}{\hbar^2} \tag{6.43}$$

により定義される．

[**問題 6.28**] (6.43) の β が長さの逆数の次元をもつことを確かめよ．

[**問題 6.29**] $\psi_\mathrm{II}(x)$ は微分方程式 (6.7) の解であるから，一般解は

$$\psi_\mathrm{II}(x) = C\,\mathrm{e}^{\mathrm{i}kx} + D\,\mathrm{e}^{-\mathrm{i}kx}$$

である．この右辺第2項が (6.39) で落とされているのはなぜか？

[**問題 6.30**] 波動関数の接続条件 (6.13)，(6.41) を用いて (6.42) を導け．

[**問題 6.31**] 質量 m，エネルギー E の粒子がデルタ関数ポテンシャル (6.38) に衝突する場合の透過率 T をエネルギーの関数として求め，その結果をグラフにスケッチせよ．

[**問題 6.32**] 前節のトンネル効果の問題で得られた透過率 (6.31 e) で，(6.37) を一定として $b \to 0$ の極限をとると，[問題 6.31] の結果に一致することを示せ．

§6.4 デルタ関数ポテンシャルへの衝突 91

[**問題 6.33**]（位相のずれ） デルタ関数型ポテンシャルの場合にも，(6.23) により位相のずれ $\phi(k)$ を定義する．

（1） このとき，透過波の振幅が
$$C = \cos\phi\, e^{i\phi} \tag{6.44}$$
と表せることを示せ．

（2） ϕ を"位相のずれ"とよぶのはなぜだと考えられるか？

（3） ϕ を用いて反射率を表せ．

（4） 位相のずれ $\phi(k)$ を k の関数としてグラフにスケッチせよ．特に，ポテンシャル U_0 の符号と位相のずれの符号の間にどのような関係があるか注目せよ．arctan は $n\pi$ の不定性をもつ多価関数であるが，$k \to \infty$ の極限で $\phi \to 0$ と約束すれば，この不定性はとり除かれる．

（5） 透過波の位相は
$$kx + \phi = k\left(x + \frac{\phi}{k}\right)$$
であり，入射波に比べてその原点を ϕ/k だけ左に（$\phi < 0$ ならば右に）ずらした波になっている．つまり，ポテンシャルにより波が引き込まれて（押し出されて）いる．この様子を図 6.8 に示す．この図で，透過波の位相は進んでいるのか／遅れているのか？

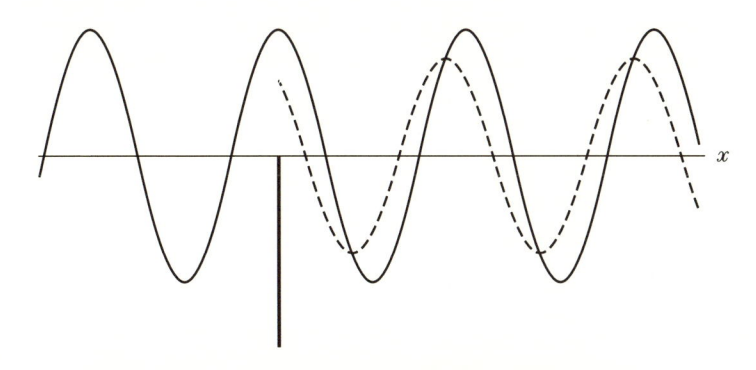

図 6.8 ポテンシャルが無い場合の波動関数（実線）に比べて，引力ポテンシャルの下では，透過波（破線）が引き込まれる．

6. 1次元ポテンシャル散乱，トンネル効果

[**問題 6.34**]* プログラム DeltaPot.exe を実行すると，デルタ関数ポテンシャルに衝突する粒子の波動関数の様子を見ることができる．

使い方は，これまでに出てきた StepPot.exe, Tunnel.exe と同じである．メニュー1番を選択すると，波動関数 (6.39) の実部が画面に表示される．このときに聞いてくる"ポテンシャルの強さ"は，(6.43) の β である．β としては負の値も許される (引力ポテンシャルの場合)．入射波の波数 k は1に固定されている．

メニュー2番を選択すると，平面波ではなしにガウス型の波束が入射した場合の $|\Psi(x,t)|^2$ を見ることができる．この場合にも，中心波数が $k_0 = 1$ に固定されている．

7　1次元ポテンシャルの束縛状態

前章に引き続いて，1次元ポテンシャル問題をとり上げる．前章で考えたのは，ポテンシャルに向かって粒子が衝突してきたときに，それがどのように反射され，透過するか——という問題であった．ここで考えるのは，それとは違って，ポテンシャルの中に粒子がはじめから閉じ込められて（束縛されて）いるときに，束縛状態のエネルギーと波動関数を求める——という問題である．

§7.1　無限に深いポテンシャル井戸の中の束縛状態

質量 m の粒子が図 7.1 に示すような井戸型ポテンシャルの中に閉じ込められているときの束縛状態を求めよう．この場合，ポテンシャル $V(x)$ は

$$V(x) = \begin{cases} \infty & (x < 0) \\ 0 & (0 < x < L) \\ \infty & (L < x) \end{cases} \tag{7.1}$$

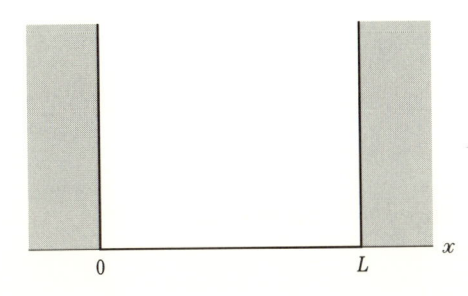

図 7.1　幅 L の無限に深い井戸型ポテンシャル．このポテンシャルの中に束縛された粒子の状態を考える．

7. 1次元ポテンシャルの束縛状態

である．このポテンシャルに対してシュレーディンガー方程式

$$-\frac{\hbar^2}{2m}\frac{d^2\psi}{dx^2} + V(x)\,\psi = E\psi \tag{4.7}$$

を解く．波動関数 $\psi(x)$ には，**境界条件**

$$\psi(0) = \psi(L) = 0 \tag{7.2}$$

を課する．なぜなら，ポテンシャルエネルギーが無限大のところに粒子は存在しえないので，$x \leqq 0$ および $L \leqq x$ の領域では波動関数 $\psi(x)$ が 0 になるからである．一般に，何かの（一点ではなしに）有限の範囲でポテンシャルが無限大の場合には，そこは，粒子にとって「立入禁止」であると考えてよい．

区間 $0 < x < L$ でのシュレーディンガー方程式は

$$-\frac{\hbar^2}{2m}\frac{d^2\psi}{dx^2} = E\psi \tag{7.3}$$

である．これを解くには，これまでに何回も出てきたように

$$E = \frac{\hbar^2 k^2}{2m} \tag{7.4}$$

と置いて，(7.3)を

$$\frac{d^2\psi}{dx^2} + k^2\psi = 0 \tag{7.5}$$

と変形する．この微分方程式の解は

$$\psi(x) = A\sin kx + B\cos kx \tag{7.6}$$

である．これに境界条件 (7.2) を課すると

$$B = 0$$

$$kL = (整数) \times \pi$$

となるので（[問題 7.1]），結局，境界条件 (7.2) を満たす解（規格化された**固有関数**）は

$$\psi_n(x) = \sqrt{\frac{2}{L}}\sin\frac{n\pi x}{L} \quad (n = 1,\ 2,\ \cdots) \tag{7.7}$$

であり，対応する**エネルギー固有値**は

$$E_n = \frac{\hbar^2}{2m}\left(\frac{n\pi}{L}\right)^2 \tag{7.8}$$

と求められる．整数 n はエネルギー固有値につけた番号であり，**量子数**とよばれる．こうして得られたエネルギー固有値はとびとびの値をとる．

一方，固有関数 (7.7) は

$$(\psi_m, \psi_n) \equiv \int_0^L \psi_m(x)^* \psi_n(x)\,\mathrm{d}x = \delta_{mn} \equiv \begin{cases} 1 & m = n \text{ のとき} \\ 0 & m \neq n \text{ のとき} \end{cases} \tag{7.9}$$

という性質をもつ ([問題 7.5，7.6])．左辺の括弧の記号は，§4.7 で説明した**内積**である．つまり，ここでは，異なる固有値に属する固有関数の内積が 0 になっている．(7.9) を，固有関数の**正規直交性**（または，規格直交性）という．また，ここで使われている記号 δ_{mn} を**クロネッカーのデルタ記号**とよぶ．

[**問題 7.1**] 境界条件 (7.2) から固有関数 (7.7) が得られることを示せ．

[**問題 7.2**] 量子数 n は，(7.7) に示されているように，正の整数に限られる．

(1) $n = 0$ は，なぜ許されないか？

(2) 負の整数（たとえば，$n = -1$）は，なぜ許されないか？

[**問題 7.3**] 境界条件 (7.2) をつけて微分方程式 (7.3) を解くと，E が (7.8) のような特別の値（固有値）をとる場合以外には，解が無い．このことは，数値計算により実際に確かめられる．

次ページの図 7.2 は，正しい固有値から少しずれたエネルギー E を与えて微分方程式 (7.3) を解いた結果である．左端の点から正しい境界条件で解いていったのであるが，右端の点では $\psi = 0$ になっていない．このときの E の値は，正しい固有値より大きいのか/小さいのか？ この図のグラフだけから判断できるはずである．

7. 1次元ポテンシャルの束縛状態

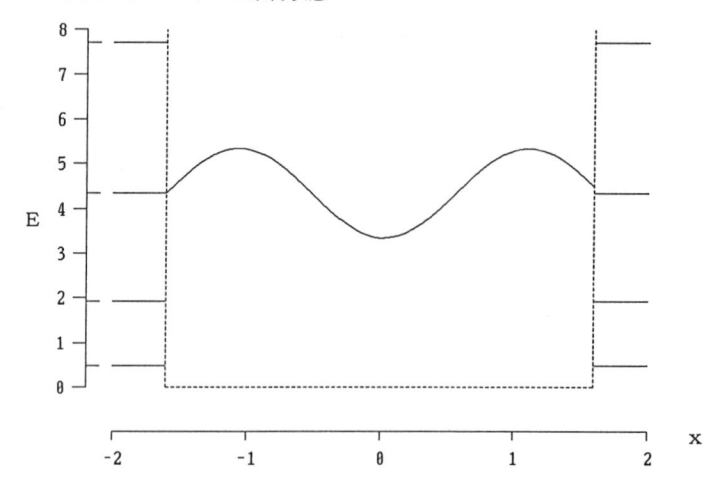

図7.2 この図は，$m = \hbar = 1$，横幅の大きさを $L = 3.2$ として，エネルギー $E = 4.2$ に対してシュレーディンガー方程式(7.3)を解いて得られた波動関数 $\psi(x)$ を示している（見やすいように，波動関数の値の原点をエネルギー固有値のところにずらして描いている）．E の値が正しい固有値からずれているので，右端での波動関数の値が 0 になっていない．

[**問題 7.4**] 固有関数 (7.7) のグラフを $n = 1, 2, 3$ の場合について，ノートにざっと描いてみよ．一般に，節（波動関数が 0 になる点）の個数は，量子数 n とどのような関係にあるか？

[**問題 7.5**] 固有関数 (7.7) が正規直交性 (7.9) をもつことを，直接の計算により示せ．

この性質をもつ関数 $\psi_n(x)$ の集まりを**正規直交系**（または規格直交系）という．ここで「系」という言葉は，「関数の集まり」という意味で使われている．

[**問題 7.6**] 前問では，正規直交性を直接の計算により確かめた．こんどは，シュレーディンガー方程式を用いて，この直交性を一般的に証明せよ．

この証明からわかるように，正規直交性は，ハミルトニアンの固有関数が満たす一般的な性質である．

(ヒント： 一般に，任意の関数 $f(x)$, $g(x)$ に対して

§7.1 無限に深いポテンシャル井戸の中の束縛状態　97

$$\frac{\mathrm{d}}{\mathrm{d}x}(f'g - fg') = f''g - fg'' \tag{7.10}$$

が成り立つ.）

[**問題 7.7**]* プログラム Well 1. exe を実行すると，メニュー画面が現れて
  1. エネルギー固有値と固有関数を試行錯誤により求める
  2. 固有関数の完全性を確かめる

のどちらかの番号を選択するようになっている．ここで1番を選択すると，図7.2 のような計算を自分でやってみることができる．

ポテンシャル井戸の横幅 L としては，4以下の適当な数値を指定する．L を指定するとエネルギー固有値が (7.8) により決まるから，その大体の位置が縦軸の目盛に沿って赤い線で示される．この縦軸の目盛を読みとってエネルギー E の値を入力してやると，その E に対して微分方程式(7.3)を解いて得られる波動関数が画面に描かれる．入力した E の値は一般に固有値からずれているから，右端の点で境界条件

$$\psi = 0$$

を満たさない．この境界条件を満たすように，エネルギー値をいろいろ入力して，試行錯誤によりエネルギー固有値を決定せよ．

[**問題 7.8**] (7.7)の波動関数 $\psi_n(x)$ により表される状態について
 （1） 運動量の期待値 $\langle p \rangle$ を求めよ．
 （2） 運動量の2乗の期待値 $\langle p^2 \rangle$ を求めよ．
 （3） 運動量の不確定性 Δp を求めよ．
 （4） 位置の不確定性 Δx はいくらか？　物理的な考察に基づく概算でよい．
もしもきちんと計算したければ，次の不定積分公式を利用せよ．どちらも右辺を微分して確認できる．

$$\int x \sin^2 ax\, \mathrm{d}x = \frac{x^2}{4} - \frac{x}{4a}\sin 2ax - \frac{1}{8a^2}\cos 2ax$$

$$\int x^2 \sin^2 ax\, \mathrm{d}x = \frac{x^3}{6} - \left(\frac{x^2}{4a} - \frac{1}{8a^3}\right)\sin 2ax - \frac{x}{4a^2}\cos 2ax$$

 （5） いまの場合，不確定性関係はどのように成り立っているか？

進行波 と 定在波

微分方程式(7.5)を解くには，解として $\psi(x) = e^{\lambda x}$ のような形を仮定するのが普通である．これを(7.5)に代入すると，定数 λ が
$$\lambda = \pm ik$$
と決まるので，一般解が
$$\psi(x) = C\,e^{ikx} + D\,e^{-ikx} \tag{6.10}$$
のように決まる．前の章でも，この形を解として採用した．ところが (7.6) では，三角関数 $\sin kx$, $\cos kx$ を使って解を書いている．なぜ，このような使い分けをするのだろうか？

実は，数学的には，(7.6)でも上の式でも全く違いは無い．なぜなら，オイラーの公式
$$e^{\pm ikx} = \cos kx \pm i\sin kx$$
を使うと，上の形は
$$\psi(x) = C(\cos kx + i\sin kx) + D(\cos kx - i\sin kx)$$
$$= i(C - D)\sin kx + (C + D)\cos kx$$
と書きかえられるから，
$$A = i(C - D), \qquad B = C + D$$
とおけば，(7.6)に一致するからである．ここでは，A, B, C, D をすべて複素数の定数だと考えている．

そうだとしても，なぜ使い分けをするのだろうか？　それは，関数の表している物理的状況が全く違うからである．物理の問題ではこのあたりの感覚が重要だ．前の章に出てきた e^{ikx}, e^{-ikx} は，それぞれ右向き，左向きの進行波を表す．粒子がポテンシャルに衝突する問題では，それでよかった．けれども，この節で問題にしているのは，図7.1のようなポテンシャルの中に<u>閉じ込められた粒子</u>である．だから，波動関数としては，進行波の形ではなく，定在波の形(7.6)を採用すべきなのである．

§7.2　固有関数の完全性

ハミルトニアンの固有関数は，直交性 (7.9) に加えて，**完全性**（あるいは完備性）とよばれる重要な性質

$$\sum_{n=1}^{\infty} \psi_n(x)\,\psi_n(y)^* = \delta(x-y) \tag{7.11}$$

をもつ．このとき，関数系 $\{\psi_n(x)\}$ が**完全系**（あるいは完備系）をなすという．† 正規直交関数系 $\{\psi_n(x)\}$ がこの性質をもつとき，任意の関数 $f(x)$ をこの関数系により

$$f(x) = \sum_{n=1}^{\infty} c_n\,\psi_n(x) \tag{7.12}$$

と展開することができる（[問題 7.9]）．ただし，固有関数 $\psi_n(x)$ が境界条件 (7.2) を満たすから，関数 $f(x)$ も同じ境界条件 (7.2) を満たしていなければならない．上に出てきた「任意の関数 $f(x)$」とは，「指定された境界条件を満たす任意の関数 $f(x)$」という意味であって，全く勝手な関数という意味ではない．

展開係数 c_n は，正規直交性 (7.9) により簡単に求められる．(7.12) の両辺に左から ψ_m を掛けて内積をとれば

$$(\psi_m, f) = \sum_{n=1}^{\infty} c_n\,(\psi_m, \psi_n)$$

となるが，(7.9) により $n=m$ 以外の項は 0 である．これより

$$(\psi_m, f) = c_m$$

あるいは，$m \to n$ と書きかえて

$$c_n = (\psi_n, f) \tag{7.13}$$

---

† 完全 (complete) とは，「メンバーが全員そろっている」という意味である．
　たとえば，ラグビーのチームは 15 人を必要とする．1 人でも欠ければ不完全 (incomplete) であり，試合ができない．完全な関数系 $\{\psi_n(x)\}$ から 1 つでもメンバーが抜ければ，任意の関数 $f(x)$ を (7.12) のように展開することは不可能になる．

が得られる．

なお，完全性の物理的な意味については§9.2で再び説明する．ここでは

「境界条件を満たす任意の波動関数 $f(x)$ が完全系により展開
できる」

あるいは

「任意の状態が，(7.11)を満たす固有関数の重ね合わせにより
表せる」

と理解しておけばよい．

[**問題 7.9**] (7.13)を(7.12)の右辺に代入して，関数系 $\{\psi_n(x)\}$ が完全系ならば，(7.12)の右辺が $f(x)$ に等しいことを証明せよ．

[**問題 7.10**] 前節に得た固有関数(7.9)は完全系をなす．これを確かめるための準備として，デルタ関数のフーリエ級数展開

$$\delta(x) = \frac{1}{2\pi} \sum_{n=-\infty}^{\infty} e^{\mathrm{i}nx} \tag{A 7}$$

を証明せよ．

(ヒント： 一般に，区間 $-\pi \leqq x \leqq \pi$ で定義された関数 $f(x)$ を複素フーリエ級数)

$$f(x) = \sum_{n=-\infty}^{\infty} c_n e^{\mathrm{i}nx} \tag{7.14}$$

に展開するとき，フーリエ係数 c_n は

$$c_n = \frac{1}{2\pi} \int_{-\pi}^{\pi} e^{-\mathrm{i}nx} f(x) \, \mathrm{d}x \tag{7.15}$$

により求められる．)

[**問題 7.11**] デルタ関数の公式(A 7)を利用して，固有関数(7.7)の完全性(7.11)を示せ．

固有関数(7.7)が完全系をなすことは，数値計算により確かめることもできる．ただし，(7.11)の左辺は尋常な無限級数ではないから（収束しない

§7.2 固有関数の完全性

から），このままでは数値を計算することができない．そこで，級数の収束を保証するために，1より小さい正の定数 s の n 乗を左辺に掛け込んで，

$$F(x,y,s) \equiv \sum_{n=1}^{\infty} s^n \, \psi_n(x) \, \psi_n(y) \tag{7.16}$$

を計算する．これならば収束の問題は無い．そして，$s \to 1$ の極限で (7.16) がデルタ関数 $\delta(x-y)$ に近づいていく様子を確認すればよい．実際には，フーリエ級数の公式

$$\sum_{n=0}^{\infty} s^n \cos n\theta = \frac{1 - s \cos \theta}{1 - 2s \cos \theta + s^2} \tag{7.17}$$

を使うと，(7.16) は

$$F(x,y,s) = \frac{1}{L} \frac{1 - s \cos \dfrac{\pi(x-y)}{L}}{1 - 2s \cos \dfrac{\pi(x-y)}{L} + s^2} - \frac{1}{L} \frac{1 - s \cos \dfrac{\pi(x+y)}{L}}{1 - 2s \cos \dfrac{\pi(x+y)}{L} + s^2} \tag{7.18}$$

となる．したがって，これを使えば (7.16) を容易に計算できる．

[**問題 7.12**] (7.18) による計算結果の一例が図 7.3 に示されている．デルタ関

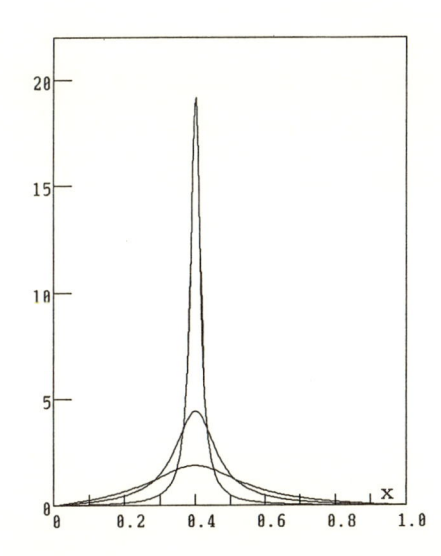

図 7.3 ここでは，$L = 1$, $y = 0.4$ として，$s = 0.6, 0.8, 0.95$ の3つの場合について，(7.16) のグラフを示している．s が1に近づくにつれて，デルタ関数らしくなっていく様子がわかる．

数は，その積分が1に等しい．この図のグラフと x 軸が囲む面積を概算して，それがほぼ1に等しいことを確かめよ．

[**問題 7.13**]* プログラム Well 1.exe を実行してメニュー2番を選択すると，図 7.3 のようなグラフを描くことができる．ここでは $L=1$ としているので，y として0と1の間の適当な数値を与えればよい．次に，収束のための定数 s をいくつにするかを聞いてくる．s の値を1に近づけたときにデルタ関数らしくなっていく様子を観察せよ．

[**問題 7.14**] 長さ L の箱に閉じ込められた粒子の位置を時刻 $t=0$ に測定したところ，位置 x_0 に粒子が検出された．検出直後の状態は x_0 に局在しているから（§ 4.9, 60 ページ），その波動関数はデルタ関数を用いて

$$\Psi(x,0) = \delta(x-x_0)$$

と表せる．時刻 t における波動関数 $\Psi(x,t)$ を示せ．

§7.3 古典力学との対応

量子力学により得られる結果は，どういう場合に古典力学の結果と一致するだろうか？

量子力学によれば，エネルギー固有値がとりうる値は，(7.8) が示すように，一般に，とびとびの値である．このようなとびとびのエネルギー固有値は**エネルギー準位**ともよばれる．一方，古典力学によれば，図 7.1 のようなポテンシャルの中に閉じ込められた粒子は連続なエネルギー値をとりうる．このように，量子力学は「とびとび」，古典力学は「連続」という際だった違いがある．けれども，当然のことながら，この両者は何らかの極限で連続につながっているはずである．

そこで，(7.8) が与えるエネルギー準位の間隔

$$\Delta E = E_n - E_{n-1} \qquad (7.19)$$

を調べてみよう．(7.8) を使えば，これは容易に計算できて

$$\varDelta E = \frac{\hbar^2 \pi^2}{mL^2}\left(n - \frac{1}{2}\right) \tag{7.20}$$

となる．この結果からわかるように，量子数 n をどんどん大きくしていくと，エネルギー準位の間隔 $\varDelta E$ は n の1乗に比例して増加する．これを E_n そのものと比較すると，E_n は n^2 に比例して増加するから，n が十分大きい場合には（どのくらい大きいかは → [問題7.16]）

$$\varDelta E \ll E_n$$

となる．つまり，n が大きい極限では，$\varDelta E$ が実際上 0 であると（エネルギー準位が連続であると）見なせる．こうして，量子数 n が大きい状態は，古典力学と対応づけができることがわかる．実際，ボーアはこのような考え（**対応原理**とよばれる）に導かれて前期量子論を創り上げた．また，ハイゼンベルクが量子力学を建設する過程でも対応原理は重要な役割を果たした．

[**問題7.15**] 長さ $L = 4\,\text{Å}\,(= 4 \times 10^{-10}\,\text{m})$ の箱に閉じ込められた電子の基底状態（最もエネルギーの低い状態）のエネルギー E_1 はいくらか？

[**問題7.16**] 質量1グラムの粒子が $L = 1\,\text{cm}$ の箱の中を毎秒1回の頻度で往復運動する．

（1） このときの運動エネルギーはいくらか？

（2） 量子数 n はいくらか？

（3） エネルギー準位の間隔 $\varDelta E$ はいくらか？

[**問題7.17**] 量子数 n の状態でド・ブロイ波長 λ が $2L/n$ に等しいことを示せ．$2L = n\lambda$ という式は何を意味するか？ 弦の振動の問題と対応させて考えよ．

[**問題7.18**] 前問の結果を一般化すると，量子数 n は

$$\oint \frac{1}{\lambda}\,dx = n \tag{7.21}$$

を満たすことがわかる．左辺は，運動の1周期についての積分である．ここで，ド・ブロイ波長 λ は x の関数として変化してもよい．この両辺にプランク定数 h ($= 2\pi\hbar$) を掛けて，ド・ブロイの関係を使うと，

$$\oint p\,\mathrm{d}x = 2\pi n\hbar \tag{7.22}$$

という式が得られる．これを**ボーアの量子条件**という．1925年に量子力学が確立するまでは，この式が量子論の中心位置を占めていた．

長さ L の箱の中に閉じ込められた質量 m の粒子について，ボーアの量子条件 (7.22) を適用し，(7.8) が得られることを確かめよ．

[**問題 7.19**]　重力場の中で質量 m の粒子が完全弾性な床にはね返る周期運動は，初等力学のひとつの典型的な問題である．この場合，系のエネルギーは

$$E = \frac{p^2}{2m} + mgx \tag{7.23}$$

と表される．g は重力による加速度である．ポテンシャルエネルギー mgx が高さ x に依存するので，運動量 p は x の関数である．ボーアの量子条件 (7.22) を用いて量子化を行い，許されるエネルギーが

$$E_n = A^{1/3}\, n^{2/3} \tag{7.24}$$

となることを示せ．ただし，定数 A は

$$A = \frac{9}{8}\,\pi^2\hbar^2 mg^2 \tag{7.25}$$

である．

[**問題 7.20**]　長さ L の箱に閉じ込められた1次元の自由粒子について，ボーアの対応原理の考え方がどのようにあてはまるかを調べてみよう．

（1）　古典力学にしたがう質量 m の粒子が長さ L の箱の中を往復運動する．量子数 n の状態での速度 v を求めよ．

（2）　往復運動の周期 T と角振動数 ω を n により表せ．

（3）　隣り合う準位のエネルギー間隔 ΔE は，n が十分大きな場合にはどのように近似できるか？　そのとき ΔE と ω はどのような関係にあるか？

（4）　以下の文章を読んで，上の結果の意味を考えよ．

「いま考えている粒子が電子であるとしよう．荷電粒子（電子）が角振動数 ω で往復運動しているから，古典電磁気学にしたがえば，この電子は角振動数 ω の電磁波（光）を放出する．他方，量子論によれば，電子は一定の量子状態にある．こ

の電子が別の量子状態に跳び移るとき，光を放出する．放出される光の振動数 $\omega_光$ は，エネルギー保存則 (**ボーアの振動数条件**)

$$\Delta E = E_n - E_{n-1} = \hbar\omega_光 \tag{7.26}$$

を満たす．以上に述べた古典論と量子論の結果は，量子数 n が大きい極限で一致するはずである．これが**対応原理**とよばれる考え方である．」

[**問題 7.21**] [問題 7.19] でとり上げた重力場中の粒子の運動について，対応原理がどのように成り立っているかを調べよ．

§7.4 有限の深さのポテンシャル井戸の中の束縛状態

こんどは，図 7.4 のように，深さが有限の井戸型ポテンシャルを考えよう．この場合，ポテンシャルエネルギー $V(x)$ は

$$V(x) = \begin{cases} V_0 & x < -\dfrac{L}{2} & (領域 \mathrm{I}) \\ 0 & -\dfrac{L}{2} < x < \dfrac{L}{2} & (領域 \mathrm{II}) \\ V_0 & \dfrac{L}{2} < x & (領域 \mathrm{III}) \end{cases} \tag{7.27}$$

で与えられる．シュレーディンガー方程式は

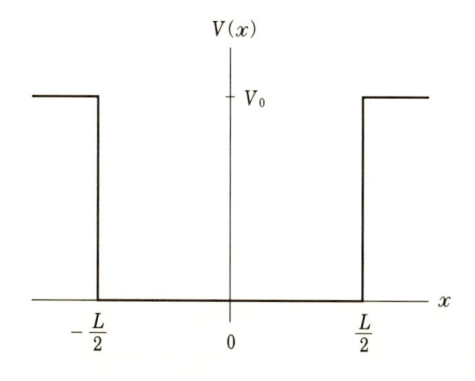

図 7.4 有限の深さ V_0 の井戸型ポテンシャル．このポテンシャルの中に束縛された粒子の状態を考える．

7. 1次元ポテンシャルの束縛状態

領域 II :
$$-\frac{\hbar^2}{2m}\frac{d^2\psi}{dx^2} = E\psi \tag{7.28}$$

領域 I, III :
$$-\frac{\hbar^2}{2m}\frac{d^2\psi}{dx^2} + V_0\psi = E\psi \tag{7.29}$$

となる. 領域 II では, これまでと同様に

$$E = \frac{\hbar^2 k^2}{2m} \tag{7.30}$$

とおくことにより, 微分方程式 (7.28) の一般解を

$$\psi_{\text{II}}(x) = A\sin kx + B\cos kx \tag{7.31}$$

と, 定在波の形に書く.

領域 I と III では

$$V_0 - E = \frac{\hbar^2 \beta^2}{2m} \tag{7.32}$$

と置く. いまは束縛状態だけを考えているので $V_0 > E$ であり, したがって, (7.32) は正である. このとき微分方程式 (7.29) は

$$\frac{d^2\psi}{dx^2} - \beta^2\psi = 0$$

となり, その一般解は

$$\psi_{\text{I, III}}(x) = C\,e^{-\beta x} + D\,e^{\beta x}$$

により与えられる.

ところが, 波動関数はその物理的意味に照らして, 無限大になることが許されない. 領域 I の遠方 $x \to -\infty$ で波動関数が発散しないためには $C = 0$ が必要である. また, 領域 III の遠方 $x \to \infty$ で発散しないためには $D = 0$ が必要である. この結果, 領域 I, III での波動関数が

$$\psi_{\text{I}}(x) = D\,e^{\beta x} \tag{7.33}$$

$$\psi_{\text{III}}(x) = C\,e^{-\beta x} \tag{7.34}$$

となる.

次に, この波動関数に接続条件 (6.13), (6.14) を課して, $x = \pm L/2$ で

つなぐ．その結果，2種類の解が得られる（[問題 7.22]）．
　（a）偶関数の解： $A = 0,\ B \neq 0,\ C = D$
$$\psi_{\mathrm{II}}(x) = B \cos kx \tag{7.35}$$
この場合，波数 k は超越方程式
$$\tan \frac{kL}{2} = \frac{\beta}{k} \tag{7.36}$$
の解である．
　（b）奇関数の解： $A \neq 0,\ B = 0,\ C = -D$
$$\psi_{\mathrm{II}}(x) = A \sin kx \tag{7.37}$$
波数 k は，超越方程式
$$\tan \frac{kL}{2} = -\frac{k}{\beta} \tag{7.38}$$
の解である．

　これらの超越方程式 (7.36)，(7.38) を解くには，次のようなグラフ解法を採用する．この2つの式は
$$\xi = \frac{kL}{2}, \qquad \eta = \frac{\beta L}{2} \tag{7.39}$$
を使って，それぞれ

偶関数解の場合： $\eta = \xi \tan \xi$ (7.40)

奇関数解の場合： $\eta = -\xi \cot \xi$ (7.41)

と書きかえられる．ただし，k，β がどちらも正であるから，ξ も η も正であることに注意しよう．また，(7.30) と (7.32) から E を消去すると
$$\xi^2 + \eta^2 = (k^2 + \beta^2)\frac{L^2}{4} = \frac{mV_0 L^2}{2\hbar^2} \tag{7.42}$$
という関係が得られる．これは，ξ-η 平面上の円を表す．したがって，この円と (7.40)，(7.41) のグラフとの交点を求めることにより，波数 k を，したがってエネルギー固有値 E を決めることができる（図 7.5）．円の半径は，ポテンシャルの深さ V_0 と幅 L により決まる．図 7.5 の場合には，偶関

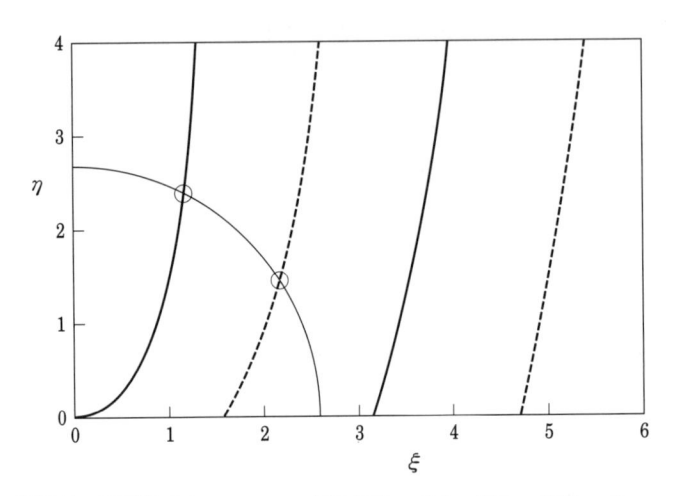

図 7.5 井戸型ポテンシャルの束縛状態のグラフ解法．実線のグラフ (7.40) および破線のグラフ (7.41) と円 (7.42) との交点を求めることにより，超越方程式 (7.36)，(7.38) の解が得られる．

数の束縛状態が 1 個，奇関数の束縛状態が 1 個ある．

[**問題 7.22**] 領域 I，II，III での波動関数に境界条件 (6.13)，(6.14) を課して接続することにより，(7.35〜38) のような解が得られることを示せ．

[**問題 7.23**] 図 7.5 のグラフ解法を用いて，$V_0 \to \infty$ の極限で偶関数解の最低エネルギー固有値 E_1 を求めよ．

[**問題 7.24**] 奇関数の束縛状態が少なくとも 1 個存在するためには，V_0 と L はどんな条件を満たさねばならないか？

[**問題 7.25**]* プログラム Well 2.exe を実行すると，図 7.5 のグラフ解法，それにより得られるエネルギー固有値，規格化された固有関数を見ることができる．

プログラムの内部では，$\hbar = 1$，$m = 1/2$，$L = 2$ と設定してある．したがって，図 7.5 の円の半径は $\sqrt{V_0}$ である．自由に変えられるパラメータは V_0 だけである．実行を開始すると，初期画面の説明の後，V_0 をいくらにするかを聞いてくる．36 以下の値が許されるようになっている．

画面の右側には，図 7.5 のようにしてグラフにより解を求める様子が示される．

§7.4 有限の深さのポテンシャル井戸の中の束縛状態

交点の個数が束縛状態の個数を与える．実際の画面では，偶関数解と奇関数解が色を変えて表示される．

画面の左側には，エネルギー固有値の数値と，それに対応する規格化された波動関数が示される．

次の点に注目してこのプログラムを実行せよ．

（1） V_0 を変えると束縛状態の個数はどう変わっていくか？

（2） 波動関数の節の個数は量子数（固有値の番号）とどう関係しているか？

（3） 波動関数の偶奇性（偶関数であるか奇関数であるか）はどうなっているか？

（4） エネルギー固有値が大きくなるにつれて，波動関数の広がり方はどう変わっていくか？

[問題 7.26] デルタ関数ポテンシャル

$$V(x) = U_0 \delta(x) \tag{7.43}$$

は，$U_0 < 0$ のときに束縛状態をもつ．そのエネルギーが

$$E = -\frac{mU_0^2}{2\hbar^2} \tag{7.44}$$

であり，規格化された波動関数が

$$\psi(x) = \sqrt{\beta}\, e^{-\beta|x|} \tag{7.45}$$

であることを示せ．ただし，定数 β は

$$\beta = \frac{m|U_0|}{\hbar^2} \tag{7.46}$$

である．

[問題 7.27] (7.44)に得られた結果がエネルギーの次元をもつことを確かめよ．

量子力学と数学

　量子力学の勉強を始めるとビックリすることがいくつかある．そのひとつが数学だ．授業で何か計算が始まると，黒板全部を使ってもまだ終らないとか，演習問題をノートに解いていて，1題に何ページも要るというのは，量子力学では珍しいことではない．そういうときに，あらためて数学の必要性を強く感じさせられる．

　本書は，量子力学の感じをつかむことを重視して，"計算のための計算"と受けとられるような問題をなるべく除外したけれども，足腰の弱い人は，これでもかなり負担に思うだろう．

　いったい，量子力学ではどんな数学を使うのだろうか．微分や積分といった基本演算は当然として，まず第一に複素数をよく使うというのがあげられる．物理で複素数を使うことは，交流回路とか光学の問題を除けば，ほとんど無い．それも，複素数を使うと計算が簡単になるという実際的な理由からだ．けれども量子力学に限っては，複素数を使うのが本質的だ．複素数を使わない量子力学なんてありえない．だから，複素数を含んだ計算が正確にできるということは，量子力学の勉強を始める当然の前提になっている．指数関数の肩に虚数が乗っているのを見てビックリしているようでは，量子力学の学習はおぼつかない．

　そういう初歩的なレベルは論外としても，量子力学では実にいろいろの数学を使う．フーリエ級数，フーリエ変換，デルタ関数，偏微分方程式を変数分離法により解く，微分方程式の固有値問題を解く，行列の固有値問題を解く，というようなのは当たり前のこと（既習のはず）で[†]，その上，各種の特殊関数が現れる．調和振動子のエルミート多項式から始まって，角運動量となればルジャンドル陪関数，水素原子ではラゲール多項式，散乱理論まで進めばベッセル関数も登場する．関数論も使える方がよい．こんなことをのっけから言われると気が遠くなってしまうかもしれない．まぁ，新しいことは量子力学と並行して勉強し，一方で習ったはずのことは自分で復習して穴埋めし，ということでなんとか食いついていく ── というのが平均的なところだろう．

　ところで，このうちどれが最も重要だろうか．筆者の感じでは，最も重要な数学は，このどれでもない．量子力学の理解という点で一番重要なのは，線形代数だろ

[†] 和達 三樹：「物理のための数学」（岩波書店，1983）がひとつの目安である．

う．線形代数の特に何を知っているかというのではなく，"ベクトル空間"という感覚が誰に言われなくても自然にはたらくことが重要だと思う．ベクトル空間の最も基本的な性質は，重ね合わせ

$$\Psi_3 = c_1\Psi_1 + c_2\Psi_2 \qquad (4.11)$$

が利くということだ．第1の状態 Ψ_1 と第2の状態 Ψ_2 の重ね合わせ Ψ_3 は，第1，第2のどちらとも異なる第3の状態を表す．例としてスピンを引き合いに出せば，上向きの状態 $|\uparrow\rangle$ と下向きの状態 $|\downarrow\rangle$ を加えると横向きの状態 $|\leftarrow\rangle$ が得られる．あるいは，何もスピンなんか持ち出さなくても

$$\psi(y) = \psi_1 + \psi_2 \qquad (1.7)$$

という式も，光子が2個のスリットをたくみに通り抜けて干渉することを示している．日常言語では百万言を費やしても説明しきれないことを，数学はいとも容易に表現する．量子力学の理論は，このような数学の表現能力に大きく依存している．

だから"ベクトル空間"の感覚が重要だと言うのだが，これは話が逆なのかもしれない．数学の授業で n 次元ベクトル空間などという話を聴かされても，ピンとこないのが普通である．量子力学に触れて初めて線形代数の意味がよくわかるようになる．実際，量子力学を知ってから改めて線形代数の教科書を開いてみると，あのとき習ったのがこういうことだったのかと懐かしく感じられることがあるかも知れない．

8 調和振動子

　調和振動子は，高等学校の物理以来，単振動という名前でおなじみのものである．力学の応用では，これがいろいろな問題に姿を変えて登場する．この事情は量子力学でも同じであって，調和振動子は量子力学でもいろいろの問題に広く応用される．

　量子力学そのものの学習という点でも，調和振動子は重要である．いろいろの演習問題で例として出てくるのは調和振動子が多い．だから，調和振動子の計算が不自由なくできると，量子力学は理解しやすいものになる．また，初級コースの量子力学を終えて上級コースの量子力学に進んでも，「また，調和振動子か」ということが起こる．ややオーバーな表現だが，「調和振動子を制する者は量子力学を制する」と言っても間違いではなかろう．要するに，調和振動子の問題は，量子力学で正確に解くことができ，しかもその応用が広いのである．

　ただ，量子力学で調和振動子に出会う人は，ここである種の面倒くささを感じるだろう．エルミート多項式が出てくるからだ．数学があまり得意でない人にとっては，たしかにエルミート多項式はとっつきにくい．けれども，量子力学そのものの理解のむずかしさに比べれば，エルミート多項式はものの数ではない．そして，エルミート多項式がどんなものか分かるようになれば，それによって得られる量子力学学習のメリットは大きい．

§8.1　調和振動子の固有状態

　質量 m，角振動数 ω の調和振動子のポテンシャルエネルギーは

$$V(x) = \frac{1}{2} m\omega^2 x^2 \tag{8.1}$$

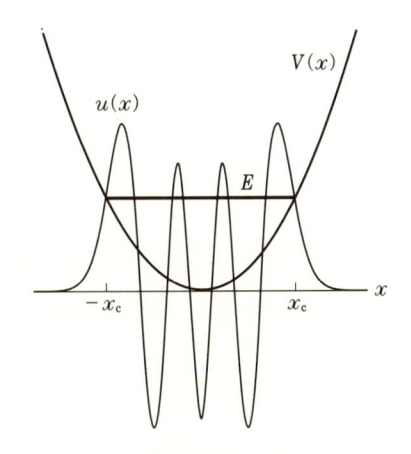

図8.1 調和振動子のポテンシャルエネルギー $V(x)$ と波動関数 $u(x)$

である．これに運動エネルギーを加えると，ハミルトニアン

$$H = \frac{1}{2m}p^2 + \frac{1}{2}m\omega^2 x^2 \tag{8.2}$$

が得られる．

このポテンシャルエネルギー $V(x)$ をグラフに描くと，図8.1のような放物線になる．はじめに古典力学の問題として考えると，エネルギーが E のとき，粒子の運動は，運動エネルギーが正の領域

$$E > V(x) \tag{8.3}$$

に限られる．したがって，粒子は，図の

$$-x_c < x < x_c \tag{8.4}$$

の範囲を往復運動する．つまり，粒子は振幅が x_c の単振動をする．このような定数 $\pm x_c$ は，一般に（古典的な運動の）**転回点**とよばれる．

次に，量子力学に移って調和振動子の問題を考えると，上のハミルトニアン (8.2) に対するシュレーディンガー方程式

$$\hat{H}\,u(x) = E\,u(x) \tag{8.5}$$

が

$$-\frac{\hbar^2}{2m}\frac{\mathrm{d}^2 u(x)}{\mathrm{d}x^2} + \frac{1}{2}m\omega^2 x^2 u(x) = E u(x) \qquad (8.6)$$

となる．量子的粒子は波動性をもつので，波動関数は，古典的に許されない領域

$$x < -x_c \quad \text{および} \quad x_c < x \qquad (8.7)$$

にも浸みこむことができる．一方，古典的に許される領域 (8.4) では，運動エネルギーが正なので（したがって，波数 k が実数なので）波動関数は空間的に振動する．このような波動関数 $u(x)$ の一つの例が図 8.1 に示されている．

シュレーディンガー方程式 (8.6) を解くときには，波動関数 $u(x)$ に対して

$$u(x) \to 0 \qquad (x \to \pm\infty \text{ のとき}) \qquad (8.8)$$

という境界条件を課する．なぜなら，$x \to \pm\infty$ では $V(x) \to \infty$ となるので，そのような場所に粒子は存在しえないからである．この境界条件の下では，井戸型ポテンシャルの場合 (§7.1) と同様に，エネルギー E は勝手な値をとることは許されない．固有値とよばれる特別の値 E_n のときにしか (8.6) は解をもたない．

そこで，境界条件 (8.8) の下で微分方程式 (8.6) を解いて，固有値 E_n と固有関数 $u_n(x)$ を求めたい．これは，純粋に数学の問題である．ところがこれは，どういうやり方を採用するにしても，単純ではない．講義ならば，話の順序として，ここで級数解法により固有値を求めるのが自然であるが，ここでは順序を逆にして（長い計算にいきなり入るのはやめにして），最後の結果をポンと示す．そして，次節以降でこれについて少しずつ調べていこう．

微分方程式 (8.6) の固有値 E は

$$E_n = \left(n + \frac{1}{2}\right)\hbar\omega \qquad (n = 0, 1, 2, \cdots) \qquad (8.9)$$

となる．**量子数** n は，調和振動子の場合，0 以上の整数である．後の［問題8.5］で確かめられるように，エネルギーがこのような特別の値（固有値）以外の場合には，境界条件 (8.8) を満たす解が存在しないのである．調和振動子のエネルギー準位 (8.9) には，"等間隔" という特徴がある．すなわち，

$$E_n - E_{n-1} = \hbar\omega \tag{8.10}$$

が n によらず一定である．

固有関数についても，結果をここでまとめて述べてしまうと，上の固有値 (8.9) に対応する固有関数 $u_n(x)$ は，エルミート多項式 $H_n(\xi)$ を用いて

$$u_n(x) = A_n H_n(\alpha x) \exp\left(-\frac{1}{2}\alpha^2 x^2\right) \tag{8.11}$$

により与えられる（エルミート多項式については，次の節で説明する）．ここで，α は長さの逆数の次元をもつ定数

$$\alpha = \sqrt{\frac{m\omega}{\hbar}} \tag{8.12}$$

であり，規格化のための定数 A_n は

$$A_n = \left(\frac{\alpha}{2^n n! \sqrt{\pi}}\right)^{1/2} \tag{8.13}$$

である．この $u_n(x)$ が実際に解になっていることは，後の演習問題で順を追って確かめる．

この固有関数 $u_n(x)$ は，正規直交性

$$(u_m, u_n) \equiv \int_{-\infty}^{\infty} u_m(x)^* u_n(x)\, dx = \delta_{mn} \tag{8.14}$$

をもつ．さらに，完全性

$$\sum_{n=0}^{\infty} u_n(x)\, u_n(y)^* = \delta(x-y) \tag{8.15}$$

も備えている．どちらも，ハミルトニアンの固有関数が一般に備えている重要な性質である．なお，$u_n(x)$ は実数の関数であるから，いまの場合に限って言えば，(8.14), (8.15) の右辺で複素共役を意味する星印は無くてもよい．

8. 調和振動子

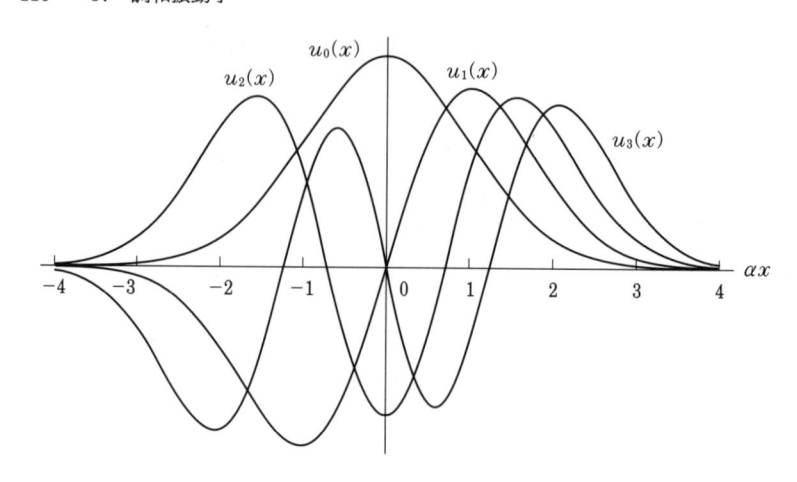

図 8.2 $n = 0, 1, 2, 3$ に対する固有関数 $u_n(x)$

固有関数 $u_n(x)$ のグラフを $n = 0 \sim 3$ について図 8.2 に示す．

[**問題 8.1**] 図 8.2 に描かれた波動関数 $u_n(x)$ を観察すると
 (1) 量子数 n と波動関数の節の個数との間には，どんな関係があるか？
 (2) 量子数 n と波動関数の偶奇性との間には，どんな関係があるか？

[**問題 8.2**] 量子数 $n = 1$ の固有関数は

$$u_1(x) = A x \exp\left(-\frac{1}{2} \alpha^2 x^2\right) \tag{8.16}$$

という形をしている．ここで，A は規格化のための定数である．調和振動子がこの状態にあるとき，どの位置 x に最も見出しやすいか？

調和振動子のエネルギー固有値が (8.9) のようになるという事実は，数値計算により直接に確かめることができる．図 8.3 には，奇関数を仮定して微分方程式 (8.6) を解いた結果が示されている．正しいエネルギー固有値はこの場合 $E_1 = 1.5\hbar\omega$ であるが，エネルギー E の値がこれから少しでもずれると，境界条件 (8.8) を満たさないことが見てとれる．このように，シュレーディンガー方程式を解く場合には，微分方程式 (8.6) だけでなく，境界条

§8.1 調和振動子の固有状態　117

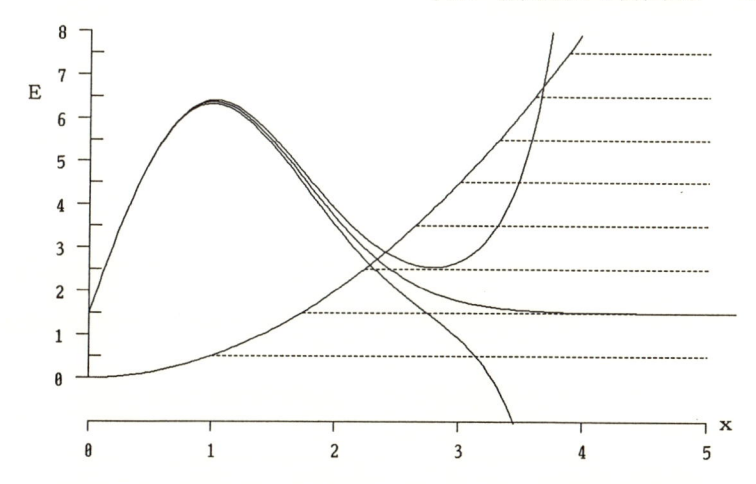

図 8.3 上から順に $E = 1.48, 1.5, 1.52$ として，奇関数の条件の下でシュレーディンガー方程式 (8.6) を解いた結果．波動関数の値の原点を，見やすいように，正確なエネルギー固有値 1.5 のところへずらして描いている．

件も重要である．

[**問題 8.3**]　調和振動子の問題で，波動関数に (8.8) のような境界条件を課するのはなぜか？

[**問題 8.4**]　調和振動子の固有関数 $u_n(x)$ の重ね合わせ

$$\psi(x) = \sum_{n=0}^{\infty} c_n u_n(x) \tag{8.17}$$

により表される状態がある．c_n は複素数の定数である．

（1）　時刻 $t = 0$ にこの状態から出発したとき，任意の時刻 t における波動関数 $\Psi(x, t)$ を示せ．

（2）　波動関数 $\Psi(x, t)$ が時間の周期関数であることを示せ．周期はいくらか？　$|\Psi(x, t)|^2$ の周期はいくらか？

（3）　このことから，調和振動子の場合には，いかなる波動関数も周期的に時間変化することがわかる．これは調和振動子に特有の現象である．どんな事情により $|\Psi(x, t)|^2$ が時間の周期関数になるのかを説明せよ．

（4）　一般に，調和振動子の任意の波動関数 $\psi(x)$ を $u_n(x)$ の 1 次結合

(8.17) の形に表すことができる．それはなぜか？

[**問題 8.5**]* 波動関数 $u(x)$ が境界条件 (8.8) を満たすという条件から，エネルギー固有値 (8.9) が得られる．この事情を確認するためにプログラム Osc.exe を実行してみよう．

プログラムの内部では $\hbar = m = \omega = 1$ という単位を採用している．したがって，(8.12) の定数 a は 1 に等しい．この単位では，エネルギー固有値 (8.9) は

$$E_n = n + \frac{1}{2} \quad (n = 0, 1, 2, \cdots) \tag{8.18}$$

となる．

実行を開始すると，メニュー画面が現れる．ここで，

1. 調和振動子のエネルギー固有値と固有関数を試行錯誤により求める
2. 調和振動子の固有関数が完全系をなすことを確かめる

から 1 番を指定しよう．すると，画面に説明が出たあと，ポテンシャルエネルギーのグラフが示される．エネルギー E の値をいくらにするかを聞いてくるから，適当な値を指定すると，その E に対して微分方程式 (8.6) を解いた結果が画面に表示される．エネルギーの値をいろいろに変えて，境界条件が満たされるのは (8.18) の場合だけであることを確かめよう．

[**問題 8.6**] 調和振動子の $n = 1$ の固有状態のエネルギーは

$$E_1 = \frac{3}{2}\hbar\omega$$

であり，固有関数 $u_1(x)$ は (8.16) の形をしている．

（1） 固有関数 $u_1(x)$ の変曲点の位置 x_c を求めよ．変曲点とは，2 階の微分係数が 0 になる点である．得られた結果を図 8.2 の $u_1(x)$ と見比べて，まちがいなさそうなことを確かめよ．

（2） 変曲点 x_c におけるポテンシャルエネルギーの大きさを求めよ．

（3） 波動関数の変曲点は，古典力学においてどういう意味をもつか？

[**問題 8.7**] 図 8.1 に示されている波動関数 $u(x)$ について，以下の問に答えよ．

(1) この波動関数は，量子数 n がいくつの固有関数を表しているか？
(2) この波動関数の変曲点の位置と転回点の位置の関係を図で確認せよ．

§8.2 エルミート多項式

この節では，調和振動子を学ぶ上で必要なエルミート多項式の性質を説明する．

エルミート多項式 $H_n(\xi)$ はその引数 ξ の n 次多項式であり，調和振動子の固有関数 $u_n(x)$ を (8.11) のようにあらわな形に書くときに使われる．その具体的な形を $n=0\sim 4$ について示すと

$$\left.\begin{aligned} H_0(\xi) &= 1 \\ H_1(\xi) &= 2\xi \\ H_2(\xi) &= 4\xi^2 - 2 \\ H_3(\xi) &= 8\xi^3 - 12\xi \\ H_4(\xi) &= 16\xi^4 - 48\xi^2 + 12 \end{aligned}\right\} \qquad (8.19)$$

である．さらに大きな n について一般の式を書くこともできるが，ここでは省略する．エルミート多項式の大きな特徴は，その直交性

$$\int_{-\infty}^{\infty} H_m(\xi)\, H_n(\xi)\, \mathrm{e}^{-\xi^2}\, \mathrm{d}\xi = \delta_{mn}\, 2^n\, n!\sqrt{\pi} \qquad (8.20)$$

にある．すなわち，$H_m(\xi)$ と $H_n(\xi)$ を掛けて左辺のように積分すると，その結果は，次数が異なるとき ($m \neq n$ のとき) 0 になる．したがって，エルミート多項式とは何かと問われたら

「エルミート多項式は (8.20) の意味で互いに直交する多項式である」

と答えるのが，最も適切である．

(8.19) に示したエルミート多項式の形は具体的であってわかりやすい．しかし，直交性 (8.20) を議論するには不適当である．エルミート多項式の一般的な性質を調べるには

$$g(t,\xi) \equiv \exp(2t\xi - t^2) = \sum_{n=0}^{\infty} H_n(\xi) \frac{t^n}{n!} \qquad (8.21)$$

により定義し直すのが便利である．左辺の関数 $g(t,\xi)$ は，エルミート多項式の**母関数**とよばれる．母関数をそのパラメータ t について展開したときの t^n の係数として，エルミート多項式 $H_n(\xi)$ が定義されている．こういう定義の仕方は，慣れないとピンとこないかもしれない．しかし，エルミート多項式の諸性質はすべてこの定義から導かれる．

たとえば，エルミート多項式の直交性 (8.20) は，母関数 (8.21) を使って示される ([問題 8.11])．また，次数 n の異なるエルミート多項式を結ぶ関係

$$\xi H_n(\xi) = \frac{1}{2} H_{n+1}(\xi) + n H_{n-1}(\xi) \qquad (8.22)$$

$$H_n{}'(\xi) = 2n H_{n-1}(\xi) \qquad (8.23)$$

を母関数から導くこともできる ([例題]，[問題 8.10])．このような関係を一般に**漸化式**という．(8.23) 左辺のプライムは，ξ に関する微分を意味する．漸化式 (8.22) は 3 項漸化式であり，これを使うと $H_0(\xi) = 1$ から出発して，次々に次数の大きな $H_n(\xi)$ を (8.19) のように求めることができる．実際に $H_n(\xi)$ の数値が必要な場合にも，こうして計算するのが最も良い．(8.22) を芋づる漸化式とでもよんでおけばわかりやすいだろう．

エルミート多項式と言っても，調和振動子の問題で使うのはこの程度である．要約すると，直交性 (8.20) をもつ多項式であって，漸化式 (8.22)，(8.23) を満たすのがエルミート多項式である．これを理解してしまうと，次節の計算がわかりやすい．

[**例 題**](漸化式)　母関数 (8.21) を t について偏微分すると

$$\frac{\partial g}{\partial t} = (2\xi - 2t) g \qquad (8.24)$$

が得られる．これを用いて，3 項漸化式 (8.22) を導け．

[**解**]　(8.24) の両辺の g に母関数の右辺の式を代入する．そうすると

§8.2 エルミート多項式

$$(8.24)\text{ の左辺} = \sum_{n=1}^{\infty} H_n(\xi) \frac{t^{n-1}}{(n-1)!} = \sum_{n=0}^{\infty} H_{n+1}(\xi) \frac{t^n}{n!}$$

となる.ただし,2番目の等号では $n \to n+1$ と書きかえた.一方,右辺は

$$(8.24)\text{ の右辺} = 2\xi \sum_{n=0}^{\infty} H_n(\xi) \frac{t^n}{n!} - 2 \sum_{n=0}^{\infty} H_n(\xi) \frac{t^{n+1}}{n!}$$

となる.任意の t についてこの両辺が等しいことを使うのだが,このままでは t のベキが一致していないので比較できない.そこで,右辺第2項で

$$n \to n - 1$$

と置きかえる.

$$(8.24)\text{ の右辺} = 2\xi \sum_{n=0}^{\infty} H_n(\xi) \frac{t^n}{n!} - 2 \sum_{n=1}^{\infty} H_{n-1}(\xi) \frac{t^n}{(n-1)!}$$

この置きかえのあとで,両辺の $t^n/n!$ の係数を等しいとおけば,

$$H_{n+1}(\xi) = 2\xi H_n(\xi) - 2n H_{n-1}(\xi) \tag{8.25}$$

となって,(8.22) が得られる.

[問題 8.8] 母関数 (8.21) を用いて $H_0(\xi) = 1$ を示せ.

[問題 8.9] 芋づる漸化式 (8.25) で $n = 0$ と置き $H_0(\xi) = 1$ を使うと,$H_1(\xi)$ を求めることができる.同様にして $H_3(\xi)$ までの具体的な形を求め,(8.19) のようになることを示せ.

[問題 8.10](漸化式) 母関数 (8.21) を ξ について偏微分すると

$$\frac{\partial g}{\partial \xi} = 2t g \tag{8.26}$$

が得られる.これを用いて漸化式 (8.23) を導け.

[問題 8.11](直交性) エルミート多項式の直交性 (8.20) を確かめるには,次のようにすればよい.母関数 (8.21) の式を2つ

$$g(t, \xi) = \sum_{m=0}^{\infty} \cdots, \qquad g(s, \xi) = \sum_{n=0}^{\infty} \cdots$$

と書き並べ,辺々掛け合わせる.その両辺に $e^{-\xi^2}$ を掛け,ξ について積分する.

$$\int_{-\infty}^{\infty} g(t,\xi) g(s,\xi) \, e^{-\xi^2} \, d\xi = \sum_{m=0}^{\infty} \sum_{n=0}^{\infty} \frac{t^m s^n}{m! n!} \int_{-\infty}^{\infty} H_m(\xi) H_n(\xi) \, e^{-\xi^2} \, d\xi$$

$$\tag{8.27}$$

この右辺には求める積分 (8.20) が現れている．したがって，左辺の積分を実行してその結果を t, s について展開すれば，その展開係数として積分 (8.20) を求めることができる．この方針にしたがって (8.20) を証明せよ．

§8.3 固有関数の性質

エルミート多項式の性質から，調和振動子の固有関数 $u_n(x)$ のいろいろな性質が導かれる．

漸化式 (8.22)，(8.23) からは

$$\alpha x\, u_n(x) = \sqrt{\frac{n}{2}}\, u_{n-1}(x) + \sqrt{\frac{n+1}{2}}\, u_{n+1}(x) \tag{8.28}$$

$$\frac{1}{\alpha}\frac{\mathrm{d}}{\mathrm{d}x} u_n(x) = \sqrt{\frac{n}{2}}\, u_{n-1}(x) - \sqrt{\frac{n+1}{2}}\, u_{n+1}(x) \tag{8.29}$$

が出てくる（[例題]，[問題 8.13]）．この2つの式は調和振動子に関連した演習問題を解くときによく使われる．その意味ではかなり重要な式である．また，これらの式を組み合わせることにより，$u_n(x)$ がシュレーディンガー方程式 (8.6) の正しい固有関数であることも確かめられる（[問題 8.19]）．

[例題] エルミート多項式の漸化式 (8.22) を用いて，固有関数 $u_n(x)$ が漸化式 (8.28) を満たすことを示せ．

[解] $\alpha x = \xi$ を (8.11) の $u_n(x)$ に掛けると

$$\alpha x\, u_n(x) = A_n\, \xi H_n(\xi) \exp\left(-\frac{1}{2}\xi^2\right)$$

となる．ここへ，漸化式 (8.22) を使うと

$$= A_n \left(\frac{1}{2} H_{n+1}(\xi) + n H_{n-1}(\xi)\right) \exp\left(-\frac{1}{2}\xi^2\right)$$

$$= \frac{A_n}{2A_{n+1}} u_{n+1}(x) + \frac{n A_n}{A_{n-1}} u_{n-1}(x)$$

が得られる．ここで，(8.13) の規格化定数 A_n が

$$\frac{A_{n-1}}{A_n} = \sqrt{2n} \tag{8.30}$$

§8.3 固有関数の性質

という性質をもつので，(8.28) が導かれる．

[問題 8.12] エルミート多項式の直交性 (8.20) を用いて，$u_n(x)$ の正規直交性 (8.14) を確かめよ．

[問題 8.13]（漸化式）

(1) エルミート多項式について

$$H_n'(\xi) = \xi H_n(\xi) + n H_{n-1}(\xi) - \frac{1}{2} H_{n+1}(\xi)$$

が成り立つことを示せ．

(2) これを利用して (8.29) を導け．

[問題 8.14] (8.28)，(8.29) を用いて，固有状態 $u_n(x)$ での位置の期待値

$$\langle x \rangle = (u_n, \hat{x} u_n) \tag{8.31}$$

と運動量の期待値

$$\langle p \rangle = (u_n, \hat{p} u_n) \tag{8.32}$$

がどちらも 0 であることを示せ．

[問題 8.15] 固有状態 $u_n(x)$ で

(1) ポテンシャルエネルギーの期待値

$$\langle n | \hat{V}(x) | n \rangle \equiv \left(u_n, \frac{1}{2} m\omega^2 \hat{x}^2 u_n \right) \tag{8.33}$$

を計算し，その結果が $\frac{1}{2} E_n$ に等しいことを示せ．

(2) 運動エネルギーの期待値

$$\left\langle n \left| \frac{\hat{p}^2}{2m} \right| n \right\rangle \equiv -\frac{\hbar^2}{2m} \left(u_n, \frac{\mathrm{d}^2 u_n}{\mathrm{d}x^2} \right) \tag{8.34}$$

を計算し，その結果が $\frac{1}{2} E_n$ に等しいことを示せ．

(3) 不確定性関係はどのように成り立っているか？

[問題 8.16] 積分

$$\langle m | \hat{x} | n \rangle \equiv (u_m, \hat{x} u_n)$$

が $m = n \pm 1$ のとき

$$\left.\begin{array}{l}\langle n+1 | \hat{x} | n \rangle = \dfrac{1}{\alpha}\sqrt{\dfrac{n+1}{2}} \\[2mm] \langle n-1 | \hat{x} | n \rangle = \dfrac{1}{\alpha}\sqrt{\dfrac{n}{2}}\end{array}\right\} \tag{8.35}$$

であり，それ以外のときには0であることを示せ．

[問題 8.17] 波動関数 (8.17) により表される状態について，以下の問に答えよ．ただし，係数 c_n は実数とする．

（1） この状態での位置 x の期待値を求めよ．

（2） 時刻 $t = 0$ にこの状態にあったとして，時刻 t における x の期待値を求めよ．

[問題 8.18] 調和振動子の固有関数 $u_n(x)$ が次の漸化式を満たすことを示せ．ここでは，簡単のために $\xi = \alpha x$ と置いた．

$$\left(\frac{\mathrm{d}}{\mathrm{d}\xi} + \xi\right) u_n(x) = \sqrt{2n}\, u_{n-1}(x) \tag{8.36}$$

$$\left(\frac{\mathrm{d}}{\mathrm{d}\xi} - \xi\right) u_n(x) = -\sqrt{2(n+1)}\, u_{n+1}(x) \tag{8.37}$$

[問題 8.19]（シュレーディンガー方程式） 上に得られた漸化式 (8.36) と (8.37) を利用して，$u_n(x)$ が 2 階の微分方程式

$$\left(-\frac{1}{2}\frac{\mathrm{d}^2}{\mathrm{d}\xi^2} + \frac{1}{2}\xi^2\right) u_n(x) = \left(n + \frac{1}{2}\right) u_n(x) \tag{8.38}$$

を満たすことを示せ．また，この両辺に $\hbar\omega$ を掛けるとシュレーディンガー方程式 (8.6) になることを確かめよ．

これにより，(8.11) の $u_n(x)$ が微分方程式 (8.6) の解になっていることが確認された．

§8.4 固有関数の完全性

井戸型ポテンシャルの場合（§7.2）と同様に，調和振動子の固有関数 $u_n(x)$ は完全性 (8.15) をもつ．これを確かめよう．

§8.4 固有関数の完全性　125

無限級数 (8.15) はこのままでは収束しない．そこで，級数の収束を保証するために，絶対値が 1 より小さい定数 s の n 乗を掛け込んで

$$F(x,y,s) \equiv \sum_{n=0}^{\infty} s^n u_n(x) u_n(y) \tag{8.39}$$

とする．これならば収束する．$s \to 1$ の極限でこれがデルタ関数 $\delta(x-y)$ に近づくことを確かめればよい．以下の問題で示すように，この無限級数 (8.39) は正確に計算できて，その結果は

$$F(x,y,s) = \frac{\alpha}{\sqrt{\pi}} \frac{1}{\sqrt{1-s^2}} \exp\left[-\frac{\alpha^2}{4}\frac{1+s}{1-s}(x-y)^2 - \frac{\alpha^2}{4}\frac{1-s}{1+s}(x+y)^2\right] \tag{8.40}$$

となる．これが $s \to 1$ の極限で $\delta(x-y)$ に移行することは，この式の形から見てとれるが，数値計算により確かめることもできる．図 8.4 はそのような計算の例である．

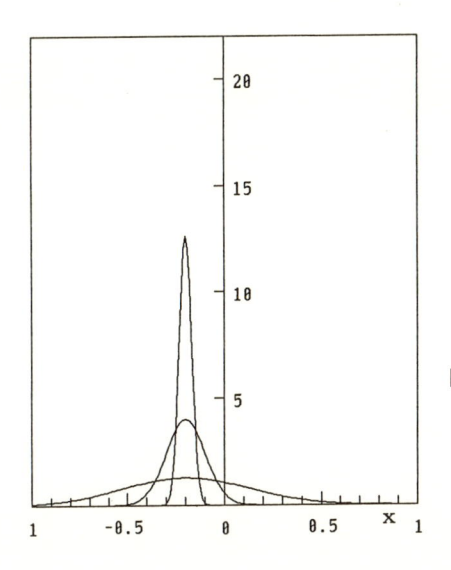

図 8.4　$\alpha=1$, $y=-0.2$ として，(8.40) のグラフを $s=0.9$, 0.99, 0.999 の 3 つの場合について計算した結果．s が 1 に近づくにつれて，デルタ関数らしくなっていく．

[**問題 8.20**]* プログラム Osc.exe を実行してメニュー2番を選択することにより，図8.4のような観察を行え．また，[問題7.12] のときと同様に，グラフの下の面積を概算せよ．

[**問題 8.21**] (8.40)で $s \to 1$ の極限をとると，これがデルタ関数 $\delta(x-y)$ になることを示せ．

[**問題 8.22**] (8.40)は以下の手順により導かれる．計算に興味の無い読者は省略してよい．

（1） はじめに準備として，エルミート多項式 $H_n(\xi)$ が次の積分により表せることを示せ．

$$H_n(\xi) = \frac{1}{\sqrt{\pi}} \int_{-\infty}^{\infty} e^{-u^2} 2^n (\xi + iu)^n \, du \tag{8.41}$$

（2） 上の積分表示を用いて

$$\sum_{n=0}^{\infty} \frac{s^n}{2^n n!} H_n(\xi) H_n(\eta) = \frac{1}{\sqrt{1-s^2}} \exp\left[\frac{-s^2(\xi^2+\eta^2)+2s\xi\eta}{1-s^2}\right] \tag{8.42}$$

を示せ．

（3） これを用いて (8.39) を計算し，その結果が (8.40) となることを示せ．

9 量子力学の一般論

これまでの章では，波動関数の振舞を中心としていろいろの具体的な場合について量子力学を学んできた．この章ではそのまとめとして，量子力学の理論的な枠組がどうなっているかを述べる．

§9.1 演算子

はじめに数学的準備として，演算子についていくつかのことを知っておく必要がある．量子力学では物理量 A が演算子 $\hat{A}$ に置きかわるからである．

演算子の性質

一般に，**演算子** $\hat{A}$ は，何かの関数 $f(x)$ に作用して，これを別の関数 $g(x)$ に変えるはたらきをもつ．このとき，

$$g = \hat{A}f \tag{9.1}$$

と書く．f, g が波動関数ならば，それらは何らかの量子力学的状態を表すから，演算子 $\hat{A}$ は，状態 f に作用して，それを別の状態 g に変えるはたらきをもつ．たとえば，位置演算子 $\hat{x}$ も運動量演算子 $\hat{p}$ もこのような作用をもつ．なぜなら

$$\hat{x}f(x) = x f(x)$$

$$\hat{p}f(x) = -i\hbar \frac{df(x)}{dx}$$

となって，もとの関数 $f(x)$ とは異なる関数が得られるからである．

関数 f, g に対して，**内積**を

$$(f, g) \equiv \int f(x)^* g(x) \, \mathrm{d}x \tag{4.28}$$

のように定義しよう（§4.7）．このように定義した内積は

$$(g, f) = (f, g)^* \tag{4.29}$$

という性質をもつ．すなわち，内積の左右の波動関数を入れかえるのと，複素共役をとるのは，同じ結果を与える．

演算子 $\hat{A}$ と $\hat{B}$ が任意の関数 f, g に対して

$$(\hat{A}f, g) = (f, \hat{B}g) \tag{9.2}$$

を満たすとき，$\hat{B}$ が $\hat{A}$ に**エルミート共役**であると言い，

$$\hat{B} = \hat{A}^\dagger \tag{9.3}$$

と書く．すなわち

$$(\hat{A}f, g) = (f, \hat{A}^\dagger g) \tag{9.4}$$

である．特に

$$\hat{A}^\dagger = \hat{A}$$

が成り立つとき，すなわち

$$(\hat{A}f, g) = (f, \hat{A}g) \tag{9.5}$$

が成り立つとき，$\hat{A}$ を**エルミート演算子**という．

[**例 題**] $(\hat{A}^\dagger)^\dagger = \hat{A}$ を示せ．

[**解**] $\hat{A}^\dagger$ の定義により，任意の関数 f, g に対して(9.4)が成り立つ．これと内積の性質(4.29)を使えば証明できる．$\hat{B} = \hat{A}^\dagger$ と置くと，(9.4)の右辺は

$$(f, \hat{A}^\dagger g) = (f, \hat{B}g) = (\hat{B}g, f)^* = (g, \hat{B}^\dagger f)^* = (\hat{B}^\dagger f, g)$$

となる．3番目の等号のところで(9.4)を再度使った．また，(4.29)を2回使った．この結果を(9.4)の左辺と見比べて

$$\hat{A} = \hat{B}^\dagger = (\hat{A}^\dagger)^\dagger$$

を得る．この結果から

$$(\hat{A}^\dagger f,\ g) = (f,\ \hat{A}g) \tag{9.6}$$

が成り立つことがわかる．要するに，内積記号の中の演算子 $\hat{A}$ は

(9.4) のように 左 → 右 と付けかえても

(9.6) のように 左 ← 右 と付けかえても

どちらの場合にも $\hat{A}$ が $\hat{A}^\dagger$ になるのである．

[**例 題**] 運動量演算子 $\hat{p} = -\mathrm{i}\hbar\dfrac{\mathrm{d}}{\mathrm{d}x}$ がエルミート演算子であることを示せ．ただし，波動関数は無限遠点で 0 になるものとする．

[**解**] 無限遠点で 0 になる任意の波動関数 $f(x),\ g(x)$ に対して

$$(\hat{p}f,\ g) = (f,\ \hat{p}g) \tag{9.7}$$

が成り立つことを証明すればよい．

$$左辺 = \int_{-\infty}^{\infty} \left(-\mathrm{i}\hbar \frac{\mathrm{d}f}{\mathrm{d}x}\right)^* g\,\mathrm{d}x = \mathrm{i}\hbar \int_{-\infty}^{\infty} \frac{\mathrm{d}f^*}{\mathrm{d}x} g\,\mathrm{d}x$$

ここで部分積分を行う．

$$= \mathrm{i}\hbar\, f(x)^* g(x)\Big|_{-\infty}^{\infty} - \mathrm{i}\hbar \int_{-\infty}^{\infty} f^* \frac{\mathrm{d}g}{\mathrm{d}x}\,\mathrm{d}x$$

右辺の第 1 項は消えるから，第 2 項だけが残る．この結果は (9.7) の右辺に等しい．

[**問題 9.1**] 以下の関係を証明せよ．

（1） $(\hat{A}\hat{B})^\dagger = \hat{B}^\dagger \hat{A}^\dagger$

（2） $(c_1\hat{A} + c_2\hat{B})^\dagger = c_1^* \hat{A}^\dagger + c_2^* \hat{B}^\dagger$

[**問題 9.2**] 任意の関数 $f,\ g$ に対して

$$(\hat{U}f,\ \hat{U}g) = (f,\ g) \tag{9.8}$$

を満たす演算子 $\hat{U}$ をユニタリ演算子という．ユニタリ演算子が

$$\hat{U}^\dagger \hat{U} = 1 \tag{9.9}$$

という性質をもつことを示せ．

[**問題 9.3**] $\hat{A}$ がエルミート演算子ならば

$$(f,\ \hat{A}g) = (g,\ \hat{A}f)^* \tag{9.10}$$

が成り立つことを示せ．

130　9. 量子力学の一般論

[**問題9.4**]　$\hat{A}$ がエルミート演算子ならば $(f, \hat{A}f)$ が実数であることを示せ．

[**問題9.5**]　関数 Ψ がエルミート演算子 $\hat{H}$ にしたがって

$$i\hbar \frac{\partial \Psi}{\partial t} = \hat{H}\Psi \tag{9.11}$$

により時間変化するとき，内積 (Ψ, Ψ) が時間 t によらず一定であることを示せ．

エルミート演算子の固有値と固有関数

演算子 $\hat{A}$ を関数 f に作用させた結果が f の定数倍になるとき，すなわち

$$\hat{A}f = af \tag{9.12}$$

のような関係が成り立つとき，定数 a を**固有値**，f を**固有関数**という．

特に $\hat{A}$ がエルミート演算子の場合には，その固有値 a は実数である（[問題9.6]）．また，異なる固有値に属する固有関数は直交する．すなわち，エルミート演算子 $\hat{A}$ の固有値を a_n，固有関数を u_n とするとき，正規直交性

$$(u_m, u_n) = \delta_{mn} \tag{9.13}$$

が成り立つ．

[**例　題**]　エルミート演算子の固有関数について，(9.13)を証明せよ．

[**解**]　u_n が $\hat{A}$ の固有関数であるから

$$\hat{A}u_n = a_n u_n \tag{9.14}$$

が成り立つ．固有値 a_n は実数である．この左から u_m を掛けて内積をとれば

$$(u_m, \hat{A}u_n) = a_n(u_m, u_n) \tag{9.15}$$

を得る．一方，(9.14)により

$$(\hat{A}u_m, u_n) = a_m(u_m, u_n) \tag{9.16}$$

となる．$\hat{A}$ がエルミート演算子だから，(9.15)と(9.16)は等しい．この結果，

$$(a_m - a_n)(u_m, u_n) = 0$$

となる．もしも $a_m \neq a_n$ ならば

$$(u_m, u_n) = 0$$

でなければならない．自分自身との内積を

$$(u_n, u_n) = 1$$

と規格化しておけば，(9.13) が成り立つ．

ここまでは固有値に縮退が無いと仮定している．もしも縮退がある場合には[†]，線形代数で知られているシュミットの直交化により，互いに縮退する固有関数を正規直交化させることができるから，やはり (9.13) が成り立つ．

[**問題 9.6**]　エルミート演算子の固有値が実数であることを証明せよ．

演算子の交換関係

2 個の演算子 $\hat{A}, \hat{B}$ の間に

$$\hat{A}\hat{B} - \hat{B}\hat{A} = 0$$

が成り立つとき，$\hat{A}$ と $\hat{B}$ が**可換**であるという．右辺が 0 でないときには，**非可換**であるという．

エルミート演算子 $\hat{A}$ と $\hat{B}$ が非可換ならば，$\hat{A}$ と $\hat{B}$ の同時固有関数は存在しない．その反対に，ここには証明しないが，$\hat{A}$ と $\hat{B}$ が可換ならば，$\hat{A}$ と $\hat{B}$ の固有関数はすべて $\hat{A}$ と $\hat{B}$ の同時固有関数とすることができる．

[**例題**]　エルミート演算子 $\hat{A}$ と $\hat{B}$ が非可換のとき，$\hat{A}$ と $\hat{B}$ の同時固有関数が一般に存在しないことを示せ．

[**解**]　背理法により証明する．すなわち，$\hat{A}$ と $\hat{B}$ の同時固有関数 f が存在し，その固有値がそれぞれ a, b であるとする．このとき

$$\hat{A}f = af, \qquad \hat{B}f = bf$$

が成り立つ．この 2 つの式を使うと

$$\hat{A}\hat{B}f = \hat{A}(\hat{B}f) = \hat{A}bf = b\hat{A}f = baf$$

となり，同様にして

$$\hat{B}\hat{A}f = \hat{B}(\hat{A}f) = \hat{B}af = a\hat{B}f = abf$$

であるから

$$(\hat{A}\hat{B} - \hat{B}\hat{A})f = 0$$

[†]　等しい固有値をもつ固有関数が 2 個以上あるとき，その固有値は**縮退**しているという．

となるが，これは
$$\hat{A}\hat{B} - \hat{B}\hat{A} \ne 0$$
という前提に矛盾する．したがって，$\hat{A}$ と $\hat{B}$ が非可換ならば，$\hat{A}$ と $\hat{B}$ の同時固有関数は存在しない．

[**問題 9.7**] エルミート演算子 $\hat{A}$, $\hat{B}$ の間に
$$\hat{A}\hat{B} + \hat{B}\hat{A} = 0$$
という関係があるとき，$\hat{A}$ と $\hat{B}$ の同時固有関数は存在するか？

§9.2 量子力学の基本仮定

数学の準備が終ったから，物理の話に入ろう．

物理のどんな分野にも，基本法則とか基本仮定，公準とよばれるものがある．力学では運動の3つの法則，電磁気学ではマクスウェル方程式，統計力学ではエルゴード仮説と等重率の原理，熱力学では……．量子力学ではこれがどうなっているだろうか．

量子力学の教科書は，一般に，何が基本仮定であるかを箇条書きに列挙せず，一冊全部を読み終えると，おぼろげながら初めて全体像がわかるというのが普通である．箇条書きのスタイルをとる場合でも，その書き方は著者によりまちまちである．[†] 力学の場合のように3つの法則だけをすっきりした形で提示するということは，量子力学ではむずかしい．以下に示す基本仮定セットは，著者の流儀によるものである．

Ⅰ（状態と波動関数）「系の量子力学的状態は，波動関数 Ψ により表される．」

Ⅱ（演算子と量子条件）「古典力学の力学変数（物理量）A は，量子力学ではエルミート演算子 $\hat{A}$ に置きかえられる．演算子の交換関係は，古典力

[†] 原島 鮮：「初等量子力学（改訂版）」（裳華房，1986）第8章．
R. H. Dicke and J. P. Wittke: *Introduction to Quantum Mechanics* (Addison-Wesley, 1960) 第6章．

学でのポアソン括弧式により規定される．すなわち，ポアソン括弧式が
$$[A,\ B] = 0 \tag{9.17}$$
であるならば，これに対応して量子力学では
$$\hat{A}\hat{B} - \hat{B}\hat{A} = 0 \tag{9.18}$$
であり，
$$[A,\ B] = 1 \tag{9.19}$$
であるならば，これに対応して
$$\hat{A}\hat{B} - \hat{B}\hat{A} = i\hbar \tag{9.20}$$
である.」

III（状態の時間変化）「波動関数 Ψ は，シュレーディンガー方程式
$$i\hbar \frac{\partial \Psi}{\partial t} = \hat{H}\Psi \tag{9.21}$$
にしたがって時間変化する．$\hat{H}$ はハミルトニアン演算子である.」

IV（完全性の仮定）「測定可能な力学変数（オブザーバブル）A の固有状態は，完全系を成す．すなわち，演算子 $\hat{A}$ の固有値を a_n，固有関数を u_n とするとき，任意の状態 Ψ を u_n の1次結合
$$\Psi = \sum_n c_n u_n \tag{9.22}$$
の形に展開できる.」

V（測定）「力学変数 A を測定したときに観測される値は，その固有値 a_n である．(9.22)で与えられる状態 Ψ で力学変数 A を測定したときの結果は次のようになる．

(1) 測定される値は，固有値 $a_1, a_2, a_3, \cdots$ のいずれかである．これ以外の数値が測定されることはない．

(2) 1回の実験で測定される値がそのどれになるかは全く予測できない．

(3) 測定を多数回行えば，a_n が測定される回数は $|c_n|^2$ に比例する．"確率"という言葉を使ってこれを言いかえると，a_n が測定される確率

は $|c_n|^2$ に比例する．

(4) 測定値が a_n であれば，測定直後の状態は u_n に変化している．すなわち，この測定により，状態は Ψ から u_n へ突然変化する（§4.9）．」

[**例 題**]（期待値） 波動関数 Ψ により表される状態で力学変数 A を測定すると，いろいろな値 $a_1, a_2, \cdots$ が得られるが，多数回の測定を行えば，その**平均値**（**期待値**）は

$$\langle A \rangle = \frac{(\Psi, \hat{A}\Psi)}{(\Psi, \Psi)} \tag{9.23}$$

で与えられることを示せ．

もしも波動関数 Ψ が規格化されていれば，右辺の分母は 1 であるから，(9.23) は

$$\langle A \rangle = (\Psi, \hat{A}\Psi) \tag{9.24}$$

となる．

[**解**] 上記の基本仮定 V により，a_n が測定される回数が $|c_n|^2$ に比例するのだから，平均値は

$$\langle A \rangle = \frac{\sum_n a_n |c_n|^2}{\sum_n |c_n|^2} \tag{9.25}$$

により与えられる．要するに，測定値 a_n に回数の重み $|c_n|^2$ を掛けて平均することにより，平均値 $\langle A \rangle$ が得られる．

ところが，この分子は $(\Psi, \hat{A}\Psi)$ に等しい．なぜなら

$$(\Psi, \hat{A}\Psi) = \left(\sum_m c_m u_m, \hat{A} \sum_n c_n u_n \right)$$
$$= \sum_m \sum_n c_m^* c_n (u_m, \hat{A} u_n)$$

となるが，ここで (9.14) と正規直交性 (9.13) を使うと

$$(\Psi, \hat{A}\Psi) = \sum_m \sum_n c_m^* c_n a_n \delta_{mn} = \sum_n a_n |c_n|^2$$

となるからである．分母の計算も同様である．

[**問題 9.8**] 古典力学でのポアソン括弧式

§9.2 量子力学の基本仮定

$$[x, p] = 1$$

に対応して，量子力学では，位置演算子 $\hat{x}$ と運動量演算子 $\hat{p}$ の交換関係が

$$\hat{x}\hat{p} - \hat{p}\hat{x} = i\hbar \tag{9.26}$$

となる．演算子 $\hat{x}, \hat{p}$ を

$$\hat{x} = x, \qquad \hat{p} = -i\hbar \frac{\partial}{\partial x} \tag{9.27}$$

と置けば，(9.26) が満たされることを示せ．

（注意： この種の計算をするときには，右側に何か適当な波動関数 $f(x)$ を置いて微分演算を実行する必要がある．）

[**問題 9.9**] 調和振動子の n 番目の固有状態を u_n とする．いま

$$\psi = c_1 u_1 + c_2 u_2$$

という状態を用意して，エネルギーを測定する実験を行った．実験の結果について述べよ．ここで，c_1, c_2 は $|c_1|^2 + |c_2|^2 = 1$ を満たす複素数である．

[**問題 9.10**] 量子力学では，運動量も運動エネルギーもエルミート演算子により表される．なぜ，エルミート演算子でないといけないのか？

[**問題 9.11**] 完全性の仮定はなぜ必要なのだろうか．これを考えるために，測定可能な力学変数 $\hat{A}$ の固有状態 u_n が完全系ではないとして，どんな不都合が起こるかを調べてみよう．

（1） 関数系 $\{u_n\}$ が完全系ではないから，任意の状態 Ψ を (9.22) のように展開することはできない．しかし，内積

$$(u_n, \Psi) = c_n$$

により c_n を定義すれば

$$f = \sum_n c_n u_n$$

という状態 f を作ることはできる．$\{u_n\}$ が完全系ではないから $f \neq \Psi$ であり，したがって，

$$(\Psi - f, \Psi - f) > 0$$

である．この不等式と u_n の正規直交性 (9.13) を用いて

$$\sum_n |c_n|^2 < (\Psi, \Psi)$$

を示せ.

(2) 波動関数 Ψ が規格化されていると,上の結果から

$$\sum_n |c_n|^2 < 1$$

が得られる.この不等式が基本仮定 V と両立するか/しないかを考えよ.

§9.3 交換関係と不確定性関係

演算子の交換関係は,量子力学では重要な意味をもつ.もしも $\hat{A}$ と $\hat{B}$ が可換であれば,両者の同時固有状態 f が存在して,

$$\hat{A}f = af \quad \text{かつ} \quad \hat{B}f = bf$$

が成り立つ(§9.1).

その物理的意味は,次のようになる.状態 f で力学変数 A を測定すれば確定値 a が得られる.力学変数 B を測定すれば確定値 b が得られる.したがって,状態 f において2つの物理量 A, B を不確定性 0 で同時に決定することが可能である.

これに対して,$\hat{A}$ と $\hat{B}$ が非可換の場合には同時固有状態は存在しない.したがって,A と B の両方を不確定性 0 で同時に測定することはできない.このことは,演算子の交換関係が不確定性関係と密接に結びついていることを示唆する.

このような交換関係の重要性から,量子力学では,ポアソン括弧式と同じ記号を

$$[\hat{A}, \hat{B}] \equiv \hat{A}\hat{B} - \hat{B}\hat{A} \tag{9.28}$$

と定義し,これを**交換子**と呼んでいる.

交換子については,次の公式が成り立つ.

$$[\hat{B}, \hat{A}] \equiv -[\hat{A}, \hat{B}] \tag{9.29}$$

$$[\hat{A} + \hat{B}, \hat{C}] = [\hat{A}, \hat{C}] + [\hat{B}, \hat{C}] \tag{9.30a}$$

$$[\hat{A}, \hat{B} + \hat{C}] = [\hat{A}, \hat{B}] + [\hat{A}, \hat{C}] \tag{9.30b}$$

§9.3 交換関係と不確定性関係

$$[\hat{A}\hat{B}, \hat{C}] = \hat{A}[\hat{B}, \hat{C}] + [\hat{A}, \hat{C}]\hat{B} \qquad (9.31\text{a})$$

$$[\hat{A}, \hat{B}\hat{C}] = \hat{B}[\hat{A}, \hat{C}] + [\hat{A}, \hat{B}]\hat{C} \qquad (9.31\text{b})$$

これらの公式は交換関係の計算によく使われるから，少し使えば自然に覚えられる．たとえば，(9.31 a)の右辺を

$$\hat{A}\,[\boxed{\hat{A}}\,\hat{B},\ \hat{C}] + [\hat{A}\,\boxed{\hat{B}},\ \hat{C}]\,\hat{B}$$

と理解しておくと，思い出しやすい．

交換子の記号を使うと，(9.26) を

$$[\hat{x}, \hat{p}] = i\hbar \qquad (9.26)$$

と書くことができる．このように，一般に

$$[\hat{A}, \hat{B}] = (0\ \text{または}\ 定数\ \text{または}\ 演算子)$$

という形の式を $\hat{A}$ と $\hat{B}$ の**交換関係**という．

[**例 題**] 位置演算子 $\hat{x}$ と運動量演算子 $\hat{p}$ との交換関係 (9.26) を用いて，不確定性関係

$$\Delta x\, \Delta p \geqq \frac{\hbar}{2} \qquad (3.6)$$

を導出せよ．

[**解**] 簡単のために，$\hat{x}$ と $\hat{p}$ の期待値 $\langle p \rangle$，$\langle x \rangle$ がどちらも 0 であるような規格化された波動関数 ψ を考える．

このとき，λ を任意の実数として

$$f = (i\hat{p}\lambda + \hat{x})\psi \qquad (9.32)$$

という関数を考えると，内積の定義により

$$(f, f) \geqq 0$$

が成り立つ．この左辺に (9.32) を使うと

$$(f, f) = ((i\hat{p}\lambda + \hat{x})\psi,\ (i\hat{p}\lambda + \hat{x})\psi)$$
$$= (\psi, \hat{p}^2\psi)\lambda^2 + i(\hat{x}\psi, \hat{p}\psi)\lambda - i(\hat{p}\psi, \hat{x}\psi)\lambda + (\psi, \hat{x}^2\psi)$$

となる．λ について 1 次の項は，$\hat{p}$ と $\hat{x}$ のエルミート性と交換関係 (9.26) により

$$(1 次項) = i(\psi, (\hat{x}\hat{p} - \hat{p}\hat{x})\psi)\lambda$$
$$= -\hbar(\psi, \psi)\lambda = -\hbar\lambda$$

と変形され

$$(f, f) = (\psi, \hat{p}^2\psi)\lambda^2 - \hbar\lambda + (\psi, \hat{x}^2\psi)$$
$$= \langle p^2 \rangle \lambda^2 - \hbar\lambda + \langle x^2 \rangle \geqq 0$$

を得る．任意の実数 λ についてこれが成り立つから，判別式が負でなければならない．これより

$$\hbar^2 - 4\langle p^2 \rangle \langle x^2 \rangle \leqq 0$$

となり，(3.3)，(3.5) を使えば，上記の不確定性関係 (3.6) が得られる．この証明で，交換関係 (9.26) が重要な役割を果たしていることに注意してほしい．

[**問題 9.12**] 交換子の公式 (9.31 a, b) を証明せよ．

[**問題 9.13**] 次の交換子を計算せよ．

（1） $[\hat{p}^2, \hat{x}]$

（2） $[\hat{p}, \hat{x}^2]$

（3） $[\hat{p}, F(\hat{x})]$

[**問題 9.14**] ハミルトニアン $\hat{H}$ の固有値を E_n，固有状態を u_n とするとき，任意の演算子 $\hat{A}$ に対して

$$(u_m, [\hat{H}, \hat{A}]u_n) = (E_m - E_n)(u_m, \hat{A}u_n)$$

を示せ．

[**問題 9.15**] (ビリアル定理) ポテンシャル $V(x)$ の中を運動する質量 m の粒子について

（1） ハミルトニアン演算子 $\hat{H}$ と $\hat{x}\hat{p}$ の交換子 $[\hat{H}, \hat{x}\hat{p}]$ を計算せよ．

（2） その結果を利用して，ハミルトニアンの任意の固有状態において，運動エネルギー $\dfrac{p^2}{2m}$ の期待値と $\dfrac{1}{2}x\dfrac{dV}{dx}$ の期待値が等しいことを示せ．これをビリアル定理という．

（3） 調和振動子の場合に，2つの期待値が等しいことを確かめよ．

[**問題 9.16**] 調和振動子の問題は，シュレーディンガー方程式を解析的に解く

§9.3 交換関係と不確定性関係

方法（第8章）の代りに，以下のように，交換関係を利用して代数的に解くこともできる．

（1）質量 m，角振動数 ω の調和振動子のハミルトニアン $\hat{H}$ を位置 $\hat{x}$ と運動量 $\hat{p}$ により表せ．

（2）$\hat{x}$ と $\hat{p}$ により新たな演算子

$$\hat{a} \equiv \frac{\mathrm{i}\hat{p} + m\omega\hat{x}}{\sqrt{2m\hbar\omega}} \tag{9.33}$$

を定義する．$\hat{a}$ にエルミート共役な演算子 $\hat{a}^\dagger$ を示せ．

（3）交換子 $[\hat{a},\ \hat{a}^\dagger]$ を計算し，その結果が 1 になることを示せ．

（4）$\hat{p}$ と $\hat{x}$ を逆に $\hat{a}$ と $\hat{a}^\dagger$ により表せ．

（5）その結果を使うと，ハミルトニアン $\hat{H}$ を $\hat{a}$ と $\hat{a}^\dagger$ により表すことができる．$\hat{a}$ と $\hat{a}^\dagger$ が非可換であることに注意して計算を実行し，

$$\hat{H} = \frac{1}{2}(\hat{a}\hat{a}^\dagger + \hat{a}^\dagger\hat{a})\hbar\omega$$

$$= \left(\hat{a}^\dagger\hat{a} + \frac{1}{2}\right)\hbar\omega \tag{9.34}$$

を示せ．

（6）上のハミルトニアンを第8章のエネルギー固有値（8.9）と比べると，$\hat{a}^\dagger\hat{a}$ の固有値が整数 n であるらしいことがわかる．

そこで，$\hat{a}^\dagger\hat{a}$ のひとつの固有値を n，固有関数を u_n としよう．ただし，まだ n は整数と決まったわけではない．このとき，もちろん

$$\hat{a}^\dagger\hat{a}\, u_n = n u_n$$

が成り立つ．交換関係 (3) を利用して，

$$\hat{a}^\dagger\hat{a}\,\hat{a}^\dagger\, u_n = (n+1)\hat{a}^\dagger\, u_n$$

を示せ．

（7）上の式では，$\hat{a}^\dagger\hat{a}$ を $\hat{a}^\dagger u_n$ に作用させた結果が $\hat{a}^\dagger u_n$ の定数倍になっている．したがって，$\hat{a}^\dagger u_n$ が演算子 $\hat{a}^\dagger\hat{a}$ の固有状態であって，固有値 $n+1$ をもつこと，すなわち

$$\hat{a}^\dagger u_n \propto u_{n+1}$$

であることがわかる．この比例係数を $\sqrt{n+1}$ と選んで

$$\hat{a}^\dagger u_n = \sqrt{n+1}\, u_{n+1} \tag{9.35}$$

と置けば，u_{n+1} が正しく規格化されて

$$(u_{n+1},\ u_{n+1}) = (u_n,\ u_n)$$

が成り立つことを示せ．

（8）同様にして，$\hat{a}u_n$ が固有値 $n-1$ をもつことを示せ．

（9）状態 u_{n-1} を

$$\hat{a}u_n = \sqrt{n}\, u_{n-1} \tag{9.36}$$

により定義すれば，

$$(u_{n-1},\ u_{n-1}) = (u_n,\ u_n)$$

が成り立つことを示せ．

（10）上の結果によれば，状態 u_n から出発して次々に $\hat{a}$ を作用させることにより，エネルギー固有値がいくらでも小さい状態を生成することができる．しかし，調和振動子のエネルギーは正である（運動エネルギーもポテンシャルエネルギーも正である）から，このようなことは許されない．もしも n が非整数ならばこの矛盾から逃れられないが，n が整数ならば，固有状態は u_0 で打ち切られて，(9.36) により

$$\hat{a}u_0 = 0 \tag{9.37}$$

となり，u_{-1} という状態は生成されない．以上の理由から，n は 0 以上の整数に限られる．

(9.37) は，

$$(\mathrm{i}\hat{p} + m\omega\hat{x})u_0 = 0 \tag{9.38}$$

と書ける．ここで (9.27) を採用して，この微分方程式を解き，

$$u_0(x) = \left(\frac{m\omega}{\pi\hbar}\right)^{1/4} \exp\left(-\frac{m\omega x^2}{2\hbar}\right)$$

を示せ．この結果は，シュレーディンガー方程式 (8.6) を解いて得られる結果 (8.11) に一致する．

（11）(9.35) と (9.36) を用いて (8.28) を示せ．

§9.4　連続固有値とデルタ関数

上に示した基本仮定では，問題にしているエルミート演算子 $\hat{A}$ の固有値がとびとびの値をとるものと仮定していた．固有値が連続な値をとる場合にも，基本的にはこれと異なるところはないが，数式の形が少しだけ違ってくる．本節では，連続固有値が出てくる例として，位置演算子 $\hat{x}$ と運動量演算子 $\hat{p}$ の場合をとり上げる．

位置演算子の固有状態

位置演算子 $\hat{x}$ の固有状態 $u_{x'}$ は，空間の1点 x' に局在した状態であり，

$$\hat{x} u_{x'} = x' u_{x'} \tag{9.39}$$

を満たす．このような波動関数 $u_{x'}$ は，デルタ関数を用いて

$$u_{x'}(x) = \delta(x - x') \tag{9.40}$$

により与えられる．これが (9.39) を満たすことは，デルタ関数が針のように鋭いという性質 (6.34) により明らかである．固有値 x' はただの数であり，連続な値をとる．

固有値が連続な場合には，その固有関数を (7.9) や (9.13) のようにクロネッカーのデルタ記号により規格化することはできず，

$$(u_{x'},\ u_{x''}) = \delta(x' - x'') \tag{9.41}$$

のように，デルタ関数により規格化される．また，完全性を表す式 (7.11) は，連続固有値の場合，

$$\int_{-\infty}^{\infty} u_{x'}(x)\ u_{x'}(y)^* \, \mathrm{d}x' = \delta(x - y) \tag{9.42}$$

となる．固有値 x' が連続なので，和が積分に置きかえられた．この左辺の積分は，内積の意味での積分と誤解されやすい．しかし，左辺の積分は内積 (4.28) ではなく，固有値 x' についての積分である．

基本仮定IVにより，任意の波動関数 $\Psi(x)$ を位置の固有関数 $u_{x'}(x)$ の重ね合わせ

$$\Psi(x) = \int_{-\infty}^{\infty} c_{x'} u_{x'}(x) \, dx' \tag{9.43}$$

に展開することができる．これは (9.22) を連続固有値の場合に拡張したものである．展開係数 $c_{x'}$ は，正規直交性 (9.41) を利用して

$$c_{x'} = (u_{x'}, \Psi) = \int_{-\infty}^{\infty} \delta(x - x') \Psi(x) \, dx$$
$$= \Psi(x') \tag{9.44}$$

と求められる．

ここで基本仮定 V を当てはめると，状態 Ψ で位置 x を測定したときに粒子が区間 $x' \sim x' + dx'$ に見出される確率は $|\Psi(x')|^2 dx'$ に等しい．このことからわかるように，§4.5 に述べた波動関数の確率解釈は，基本仮定 V の特別の場合に当たっている．

[**問題 9.17**]　位置演算子の固有関数 $u_{x'}$ の正規直交性 (9.41) を証明せよ．

[**問題 9.18**]　位置演算子の固有関数 $u_{x'}$ の完全性 (9.42) を証明せよ．

[**問題 9.19**]　"粒子が x に居ることの確率"という表現は正しくない．[†] 正しくはどう表現すべきか？

運動量演算子の固有状態

前節で位置演算子 $\hat{x}$ について述べたことは，運動量演算子 $\hat{p}$ についてもそのまま当てはまる．すなわち，運動量の固有値が p' である固有状態 $u_{p'}$ は

$$\hat{p} u_{p'} = p' u_{p'} \tag{9.45}$$

を満たす．その正規直交性は

$$(u_{p'}, u_{p''}) = \delta(p' - p'') \tag{9.46}$$

であり，完全性は

$$\int_{-\infty}^{\infty} u_{p'}(x) u_{p'}(y)^* \, dp' = \delta(x - y) \tag{9.47}$$

[†]　朝永振一郎：「量子力学 II」（みすず書房，1953）§ 65「物理量と測定」に，その理由がていねいに述べられている．

§9.4 連続固有値とデルタ関数

である．このような波動関数 $u_{p'}(x)$ の具体的な形は，

$$u_{p'}(x) = \frac{1}{\sqrt{2\pi\hbar}} e^{ip'x/\hbar} \tag{9.48}$$

である（[問題 9.20]）．

任意の状態 Ψ は，運動量の固有状態 $u_{p'}$ の重ね合わせ

$$\Psi(x) = \int_{-\infty}^{\infty} c_{p'} u_{p'}(x) \, dp' \tag{9.49}$$

に展開することができる．この展開係数 $c_{p'}$ は，正規直交性 (9.46) を利用して

$$\begin{aligned} c_{p'} &= (u_{p'}, \Psi) \\ &= \frac{1}{\sqrt{2\pi\hbar}} \int_{-\infty}^{\infty} e^{-ip'x/\hbar} \Psi(x) \, dx \end{aligned} \tag{9.50}$$

と求められる．この積分の計算はフーリエ変換にほかならない．こうして得られる p' の関数 $c_{p'}$ は，運動量表示の波動関数とよばれる．

そして，ここでも基本仮定 V により，状態 Ψ で運動量 p を測定したときにその結果が $p' \sim p' + dp'$ に見出される確率は $|c_{p'}|^2 dp'$ に等しい．

[**問題 9.20**] (9.48) の $u_{p'}(x)$ が運動量演算子 $\hat{p}$ の固有関数であること (9.45) を確かめよ．

[**問題 9.21**] 運動量演算子の固有関数 $u_{p'}(x)$ の正規直交性(9.46)を確かめよ．この計算には，デルタ関数のフーリエ積分表示

$$\delta(x) = \frac{1}{2\pi a} \int_{-\infty}^{\infty} e^{ikx/a} \, dk \tag{A 6}$$

を使うとよい．

[**問題 9.22**] 運動量演算子の固有関数 $u_{p'}(x)$ の完全性 (9.47) を確かめよ．

[**問題 9.23**] 波動関数

$$\psi(x) = \sqrt{\beta} \, e^{-\beta|x|} \tag{9.51}$$

により表される状態で運動量を測定したとき，測定値が p となる確率密度を求めよ．次に，得られた確率密度が正しく規格化されていることを確かめよ．

[**問題 9.24**] 以下に示す 7 個の波動関数のうち，運動量の固有関数はどれか？

もしも固有関数である場合には，その固有値はいくらか？

(1) $A \sin kx$

(2) $A \sin kx + A \cos kx$

(3) $A \cos kx + iA \sin kx$

(4) $A \sin kx + iA \cos kx$

(5) $A e^{ik(x-a)}$

(6) $A e^{ikx} + A e^{-ikx}$

(7) $A e^{ikx} + iA e^{-ikx}$

[問題 9.25] 波動関数

$$\psi(x) = \frac{3 e^{ikx} + e^{-2ikx}}{\sqrt{20\pi\hbar}} \tag{9.52}$$

により表される状態で運動量を測定した．測定の結果について述べよ．

問 題 解 答

　問題の解答は，結果だけ与えられているもの，解答のためのヒントしか与えられていないもの，解答がていねいに書かれたものといろいろある．解答が無いものもある．
　量子力学の演習問題を解くときには，解答をなるべくていねいに書くのがよい．特に，考え方の説明や結果の意味などについてきちんとノートに書くことを勧める．どんなに下手な自己流の表現でも，何も書かないのに比べればはるかにましである．数式の計算だけができればよいと考えるのは間違いである．量子力学はこれまでに経験したことのない新しい世界であるから，頭の中で何となくわかったような気になっていても，きちんとした説明を求められると答えられないということは意外に多い．そして，そういう場合には理解が浅いのが普通である．

第 1 章

[**1.1**]　ψ_1 が 2 倍されるから
$$I = 2^2 + 1^2 + 2 \times 1 \times 2 \cos \frac{2\pi(L_2 - L_1)}{\lambda}$$
$$\approx 5 + 4 \cos \frac{2\pi yd}{L\lambda}$$
となる．これの最大値は 9，最小値は 1 である．干渉縞の暗部でも光の強度が 0 になることはない．干渉縞の間隔は変わらない．

[**1.2**]
$$I = 1 + a + 2\sqrt{a} \cos \frac{2\pi(L_2 - L_1)}{\lambda}$$
その最大値と最小値の比は
$$\frac{I_{\max}}{I_{\min}} = \frac{(1 + \sqrt{a})^2}{(1 - \sqrt{a})^2}$$
である．$a = 100$ とすると，この比はいくらになるか？ 2 個のスリットから出てくる光の強さが 100 倍も違えば，干渉なんてほとんど起こりそうもない気がするが，どうだろうか？

[**1.3**]　(1.5) ではなしに実数の変位 (1.4) を使うと, (1.6) は

$$\psi_1 = \cos\left[2\pi\left(\frac{L_1}{\lambda} - \nu t\right)\right], \qquad \psi_2 = \cos\left[2\pi\left(\frac{L_2}{\lambda} - \nu t\right)\right]$$

となる. この 2 つの変位の和は, 三角関数の公式

$$\cos A + \cos B = 2\cos\frac{A-B}{2}\cos\frac{A+B}{2}$$

を用いて

$$\psi = \psi_1 + \psi_2 = 2\cos\frac{\pi(L_2-L_1)}{\lambda}\cos\left[\frac{\pi(L_2+L_1)}{\lambda} - 2\pi\nu t\right]$$

と表せる. 両辺の 2 乗をとり, 1 周期の時間 ($=1/\nu$) にわたって平均すれば, その結果は (1.9) に (2 倍の因子を除いて) 一致する.

このように, 実数を使っても複素数を使っても同じ結果が得られる. 計算そのものは複素数を使う方がスムーズにできるので, 一般には複素数による計算が好まれる. 複素数を使う計算に習熟していない読者は, なるべく早くこれに慣れる必要がある. なぜなら, 物理の他の分野とは違って, 量子力学では複素数を使うことが本質的であって, 単なる計算上の便宜ではないからである.

[**1.4**]　どちらも $|z|^2 = z^*z$ により計算する.

（1）　$|z|^2 = (2 + e^{-i\theta})(2 + e^{i\theta}) = 5 + 4\cos\theta$

（2）　$|z|^2 = \tan^2\theta$

[**1.5**]　$a^2 + b^2 + 2ab\cos(x-y)$

[**1.6**]　$|A+B|^2 = (A^* + B^*)(A+B)$
$= |A|^2 + |B|^2 + A^*B + B^*A = |A|^2 + |B|^2 + 2\,\text{Re}\,(A^*B)$

ここで, Re という記号は実部を意味する.

[**1.7**]　（1）　$\dfrac{df}{d\theta} = -\sin\theta + i\cos\theta = i\,(i\sin\theta + \cos\theta)$

（2）　この微分方程式は

$$\frac{df}{f} = i\,d\theta$$

と変数分離することにより解けて, $f(\theta) = Ce^{i\theta}$ となる.

[**1.8**]　光の波長 λ と振動数 ν の積が光速度 c に等しいことを使う.

[**1.9**]　電子が飛び出してくるためには, (1.17) の右辺が正でなければならない:

$$h\nu - W > 0$$

これから

$$\lambda = \frac{c}{\nu} < \frac{ch}{W}$$

が得られる．ここに $c = 3 \times 10^8$ m/s, $h = 6.6 \times 10^{-34}$ J·s, $W = 2.75$ eV, 1 eV $= 1.6 \times 10^{-19}$ J を代入すると
$$\lambda < 4.5 \times 10^{-7} \text{m} = 450 \text{nm}$$
となる．この波長は青い光に相当する．λ はこれより小さくなければならない．このような光を当てると，光子1個について1個の電子が飛び出してくる．

[**1.10**] 光のエネルギーは，光子1個のもつエネルギー $h\nu$ と光子の個数との積により与えられる．

[**1.11**] 波長の短い（振動数 ν の大きい）光により日焼けが起こるので，光の粒子性が利いていると考えられる．すなわち，光子1個のもつエネルギー $h\nu$ が大きなときに日焼けが起こる．

[**1.12**] (1) 光子1個のエネルギーが
$$h\nu = \frac{hc}{\lambda}$$
であるから，単位時間内に鏡に入射する光子の個数 N は
$$N = \frac{P}{h\nu} = \frac{P\lambda}{hc} = \frac{(2 \text{ J/s})(0.6 \times 10^{-6} \text{m})}{(6.6 \times 10^{-34} \text{J·s})(3 \times 10^8 \text{m/s})} = 6 \times 10^{18} \text{ 個/s}$$
である．

(2) 光子1個がもつ運動量は h/λ であり，反射により運動量 $2h/\lambda$ を鏡に与えるから，単位時間内の力積の大きさ（すなわち力 F）は
$$F = \frac{2h}{\lambda} \times N$$
である．これを面積 A で割ることにより圧力 p が求められる．
$$p = \frac{F}{A} = \frac{2P}{cA} = \frac{2 \times (2 \text{ J/s})}{(3 \times 10^8 \text{m/s})(10^{-2} \text{m})^2}$$
$$= 1.3 \times 10^{-4} \text{N/m}^2 \approx 1.3 \times 10^{-9} \text{ 気圧}$$

なお，物理の計算では，上のように，単位も含めて数値を計算するのが正式のやり方である．単位を省略して計算したり，単位を括弧の中に入れて書くのは（高等学校の物理の教科書に見られるが）正式の書き方ではない．

[**1.13**]
$$p = mv = 10^{-3} \text{kg} \times 10^{-2} \text{m/s} = 10^{-5} \text{kg·m/s}$$
$$\lambda = \frac{h}{p} = \frac{6.6 \times 10^{-34} \text{J·s}}{10^{-5} \text{kg·m/s}} = 6.6 \times 10^{-29} \text{m}$$

ド・ブロイ波長 λ は極めて短い．10^{-29} メートルというような短い距離をなんとかして測定することができるならば，この物体の波動性を実験により確かめることができるだろう．実際にはそんなことは不可能だから，巨視的な粒子は波動性を示さない．波動性を示すのは量子的粒子だけである．ここでは，プランク定数 h が非

常に小さいことが利いている．

[**1.14**] 電圧 V で加速した電子の運動エネルギー E は，電子の電荷 e を使って
$$E = |e|V$$
により与えられる．これが $p^2/2m$ に等しい．したがって，
$$p = \sqrt{2m|e|V}$$
である．これをド・ブロイの関係に代入することにより
$$\lambda = \frac{h}{p} = \frac{h}{\sqrt{2m|e|V}} = 1.42 \times 10^{-10}\,\mathrm{m}$$
を得る．この波長は原子の大きさと同程度である．したがって，この電子線をニッケルの結晶に当てると回折が起こる．

[**1.16**] 本文中に書かれていることを念のために確認している問題である．前に戻って読み返すのではなく，自分の理解したことを自分の言葉を使って，どういう書き方でもよいから表現してほしい．このような表現の練習を積み重ねることも，量子力学を理解する過程では重要である．いろいろの答え方があるだろう．下に示すのは一つの例である．

光は1個1個の粒子として検出される．その一部分が検出されることはない．また，1個の光子がどこに検出されるかは全く予測することができない．けれども，長い時間にわたって実験を続ければ（露出時間を十分長くとれば），光子の分布は波動像が与えるものと一致する．

第 2 章

[**2.1**] 運動エネルギーは，調和振動子のときと同様に $\frac{1}{2}mv^2$ である．一般化座標 θ を使うと，速度 v は $v = l\dot{\theta}$ と表せる．また，ポテンシャルエネルギーは，$\theta = \pi/2$ のところを原点として $-mgl\cos\theta$ であるから，ラグランジアンは
$$L = \frac{1}{2}ml^2\dot{\theta}^2 + mgl\cos\theta$$
となる．右辺第2項の符号に注意せよ．

[**2.2**] L を角速度 $\dot{\theta}$ について偏微分することにより，一般化運動量が
$$p_\theta = \frac{\partial L}{\partial \dot{\theta}} = ml^2\dot{\theta}$$
となる．この右辺は mvl と書きかえられるから，その物理的意味は角運動量であ

る．

[2.3]
$$H = \dot{\theta} p_\theta - L = \frac{p_\theta^2}{2ml^2} - mgl\cos\theta$$

右辺の第1項が運動エネルギー，第2項（負号を含めて）がポテンシャルエネルギーになっており，全体として力学的エネルギーを表している．

[2.4]
$$\frac{d\theta}{dt} = \frac{\partial H}{\partial p_\theta} = \frac{p_\theta}{ml^2}$$

$$\frac{dp_\theta}{dt} = -\frac{\partial H}{\partial \theta} = -mgl\sin\theta$$

この2つの式から角運動量 p_θ を消去すれば，よく知られた振り子の運動方程式

$$\frac{d^2\theta}{dt^2} + \frac{g}{l}\sin\theta = 0$$

が得られる．

[2.5]　(1)　全微分の公式 (2.15) を $L(\dot{x}, x)$ に適用すると

$$dL = \frac{\partial L}{\partial \dot{x}}d\dot{x} + \frac{\partial L}{\partial x}dx$$

これは，(2.4) により

$$dL = m\dot{x}\,d\dot{x} - m\omega^2 x\,dx$$

となり，

$$dL = p\,d\dot{x} + F\,dx$$

とも書ける．ここで

$$F = -m\omega^2 x$$

は，振動子にはたらく力（バネの復元力）である．

(2)　ハミルトニアン H の微分が

$$dH = d(\dot{x}p) - dL = \dot{x}\,dp + p\,d\dot{x} - dL$$

となるから，ここへ前問の dL の式を代入すれば (2.16) が得られる．(2.16) により，ハミルトニアン H の自然な独立変数が p と x であることがわかる．

(3)　ハミルトニアン $H(p, x)$ について，全微分の公式 (2.15) により

$$dH = \cdots$$

という式を書いて，それを (2.16) と見比べると

$$\frac{\partial H}{\partial p} = \dot{x}, \qquad \frac{\partial H}{\partial x} = -F$$

が得られる．

次に，この結果が運動方程式 (2.10) とどのようにつながっているかを考えよ．

[2.6] 運動量 $\boldsymbol{p}$ が

$$\boldsymbol{p} = \frac{\partial L}{\partial \boldsymbol{v}} = m\boldsymbol{v} + e\boldsymbol{A}$$

となるので，これを (2.18 a) に代入すればよい．なお，この例では

$$\boldsymbol{p} \neq m\boldsymbol{v}$$

であることに注意しよう．いつでも機械的に $\boldsymbol{p}$ が $m\boldsymbol{v}$ に等しいと考えるのは，誤りである．運動量の定義は，あくまでも

$$\boldsymbol{p} = \frac{\partial L}{\partial \boldsymbol{v}}$$

である．

[2.7] （1） $|x| \ll 1$ のときに $(1+x)^a \approx 1 + ax$ と近似できることを使うと，非相対論近似の下で (2.19) が

$$L \approx -mc^2 + \frac{1}{2}mv^2$$

となる．右辺の第2項が運動エネルギーを与える．第1項は，相対論で静止エネルギーとよばれる量である．第1項に負号がついているのは，静止エネルギーがポテンシャルエネルギーのような性格をもつことを意味する．

（2） 運動量の定義 (2.6) は，相対論でも同じである．したがって，

$$p = \frac{\partial L}{\partial v} = \frac{mv}{\sqrt{1 - \dfrac{v^2}{c^2}}} \qquad ①$$

となる．非相対論の極限では，分母を1と近似できて，よく知られた式 $p = mv$ に一致する．

（3） ハミルトニアン

$$H = vp - L$$

を最終的には運動量 p により表すのだが，中間結果を速度 v により表すと

$$H = \frac{mc^2}{\sqrt{1 - \dfrac{v^2}{c^2}}} \qquad ②$$

となる．この結果②は，速度 v で運動する粒子のエネルギーを与える相対論の式として，非常によく知られている．

運動量 p と速度 v の間の関係は①に得られているから，それにより

$$\frac{1}{1 - \dfrac{v^2}{c^2}} = 1 + \left(\frac{p}{mc}\right)^2$$

が得られる．これを上の H の式②へ代入すれば，(2.20) を得る．

（4） 非相対論の近似は $v \ll c$ のときに成り立つが，この条件を運動量に対

して焼き直すと $p \ll mc$ となる．ハミルトニアン (2.20) を
$$H = mc^2\sqrt{1 + \left(\frac{p}{mc}\right)^2}$$
と書きかえて，問 (1) と同じ近似を使えば，
$$H \approx mc^2 + \frac{p^2}{2m}$$
という結果を得る．右辺の第1項が静止エネルギー，第2項が運動エネルギーを表す．

 (5) (2.20) で $m = 0$ と置けば直ちに (2.21) が得られる．

 (6) ハミルトンの運動方程式 (2.10) によれば，速度は $\partial H/\partial p$ により与えられる．

[**2.8**] 運動量 p と波長 λ の間に
$$p\lambda = h$$
という関係（ド・ブロイの関係）が成り立つ．これは，電子についても光子についても共通に成り立つ．

 エネルギー E が運動量 p の関数として
$$E = \sqrt{m^2c^4 + c^2p^2}$$
と表せることも両者に共通である．ただし，光子の場合には質量が0であるから
$$E = cp$$
となり，一方，光速度に比べて十分遅い電子では
$$E = \frac{p^2}{2m} + 定数$$
となる．

[**2.9**] （1） 衝突の前後で光子の運動量と電子の運動量の和が保存するから
$$p = P - p'$$
が成り立つ．ここでは，衝突前の電子は静止していると考えている．実際には，X線（光子）をぶつける相手は原子の中の電子だから動いているのであるが，コンプトン効果の場合には，X線の波長が非常に短くて光子の運動量が大きいので，それに比べて原子内の電子がもつ運動量を無視できる．

 （2） 衝突の前後で光子のエネルギーと電子のエネルギーの和が保存する．ただし，ここでは相対論の場合を考えているので，電子のエネルギーとして (2.20) の形を使って
$$cp + mc^2 = cp' + \sqrt{m^2c^4 + c^2P^2}$$
が成り立つ．

 （3） この2つの式から P を消去すると

152 問題解答

$$(p + mc - p')^2 = m^2c^2 + (p + p')^2$$

これを整理すればよい．

[**2.10**], [**2.11**] ポアソン括弧式の定義 (2.13) にしたがって計算する．p について偏微分するときには q を定数と考える．その反対も同様である．

第 3 章

[**3.1**] 21 MeV. メガ電子ボルト (10^6 eV) は，原子核のスケールでのエネルギーを扱うのに適した単位である．

[**3.2**] (1) $E = p^2/2m$ であるから $p = \sqrt{2mE}$. ここへ，電子の質量と $E = 100\,\mathrm{eV} = 100 \times (1.60 \times 10^{-19}\,\mathrm{J}) = 1.60 \times 10^{-17}\,\mathrm{J}$ を代入して，$p = 5.4 \times 10^{-24}\,\mathrm{kg \cdot m/s}$ を得る．

(2) $E = 100.01\,\mathrm{eV}$ と置いて上の計算をくり返すのが，ひとつのやり方である．しかし，こういう場合には次のような計算法によるのが普通である．
$E = p^2/2m$ の両辺の微分をとれば $\Delta E = (p/m)\Delta p$ となるから，辺々割算して

$$\frac{\Delta E}{E} = 2\frac{\Delta p}{p}$$

を得る．これを用いて

$$\frac{\Delta p}{p} = \frac{\Delta E}{2E} = \frac{0.01\,\mathrm{eV}}{2 \times 100\,\mathrm{eV}} = 5 \times 10^{-5}$$

$$\Delta p = 5 \times 10^{-5} p = 2.7 \times 10^{-28}\,\mathrm{kg \cdot m/s}$$

(3) $\Delta x \gtrsim \hbar/\Delta p = 0.39 \times 10^{-6}\,\mathrm{m}$. したがって，この電子の位置を 0.4 ミクロン以下の精度で決めることは不可能である．

[**3.3**] (1) 位置の不確定性を $\Delta x = 500\,\mathrm{nm}$ とすると，不確定性関係により，運動量の不確定性 Δp は

$$\Delta p \gtrsim \frac{\hbar}{\Delta x} = \frac{1.05 \times 10^{-34}\,\mathrm{J \cdot s}}{500 \times 10^{-9}\,\mathrm{m}} = 2.1 \times 10^{-28}\,\mathrm{kg \cdot m/s}$$

となる．したがって，速度 v の不確定性 Δv は

$$\Delta v = \frac{\Delta p}{m} \gtrsim \frac{2.1 \times 10^{-28}\,\mathrm{kg \cdot m/s}}{10^{-3}\,\mathrm{kg}} = 2.1 \times 10^{-25}\,\mathrm{m/s}$$

である．

(2) 質量 1 グラムの粒子は静止しているように見えるけれども，実は $2.1 \times 10^{-25}\,\mathrm{m/s}$ というゆっくりした速度で動いているのかもしれない．その速度が 10^{-25} m/s よりも小さいことを実験で確かめられれば，不確定性関係が破れていると主張することができるだろう．地球の年令は 46 億年と言われるが，この速度で 46 億

第 3 章　153

年動くとどれだけの距離を進むことができるだろうか（1年は $365 \times 24 \times 60 \times 60$ 秒だから…）．

[**3.4**]　(2.9) の x^2 を a^2 で置きかえ，p^2 を $(\hbar/2a)^2$ で置きかえると，a の関数としてエネルギー

$$E(a) = \frac{1}{2m}\left(\frac{\hbar}{2a}\right)^2 + \frac{1}{2}m\omega^2 a^2$$

が得られる．この $E(a)$ が最小値をとるという条件 $\mathrm{d}E(a)/\mathrm{d}a = 0$ から a を決めると

$$a^2 = \frac{\hbar}{2m\omega}$$

となる．このときのエネルギーは

$$E = \frac{1}{2}\hbar\omega$$

である．

[**3.5**]　自分の理解したことを自分の言葉で表現せよ．以下に示すのは，一つの解答例に過ぎない．

与えられた量子力学的状態にいる粒子についてその位置を測定すると，ある値 x_1 が得られる．同じ状態に粒子を用意して，その位置を再び測定すると，こんどは別の値 x_2 が得られる．量子力学の測定では，一回の測定でどんな値が得られるかを予測することはできない．しかし，この測定を多数回行えば，測定値は何らかの分布を示す．この分布の幅が不確定性 Δx である．

[**3.6**]　5 個．10π．

[**3.8**]　区間の長さ　$\Delta x \to$ 波の継続時間 Δt
　　　　波長　　　　　$\lambda \to$ 周期 T

と置きかえて考えよ．この結果も，(3.11) と同様に，波について一般に成り立つ．

[**3.9**]

(2)　波の個数を数えよ．

(3)　$\Delta k \sim 2\pi \times 6 - 2\pi \times 1 = 10\pi$

(4)　$\Delta x \sim 0.2$ (細かい 1 目盛の大きさが 0.1 である)

[**3.10**]　加えていく順序は任意であるが，1 番から順に加えていくのは芸が無い．順序については自分でいろいろ考えてみよ．奇数番だけを加えてみるというのもよいだろう．ある程度局在した波束が見えてきたら，「次にどれを加えるとさらに波束らしくなるか」と考えながらやってみよ．

[**3.11**]　(3.20) を (3.15) に代入して得られる

$$\psi(x) = \int_{-\infty}^{\infty} \exp\left[-\frac{1}{2}a^2(k-k_0)^2 + \mathrm{i}k(x-x_0)\right]\mathrm{d}k$$

は，巻末見開きの公式 (A 2) で

$$x \to k - k_0, \qquad a \to \frac{a}{\sqrt{2}}, \qquad b \to \mathrm{i}\,(x - x_0)$$

とすれば計算できて，結果は

$$\psi(x) = \frac{\sqrt{2\pi}}{a} \exp\left[-\frac{(x-x_0)^2}{2a^2}\right] e^{\mathrm{i}k_0(x-x_0)}$$

となる．この形は，$A(k)$ と同様にガウス型である．$A(k)$ の形から，その標準偏差が $\Delta k = 1/a$ であることがわかる．また，$\psi(x)$ の形からその標準偏差は $\Delta x = a$ である．したがって，いまの場合

$$\Delta k\, \Delta x \sim 1$$

が成り立っている．

[**3.12**] 量子力学では，不用意な表現が思いがけない誤解につながることがある．

（1） 不確定性は，測定の誤差ではない．測定装置が理想的なもので，測定の誤差が 0 であっても，不確定性は一般に 0 ではない．測定のたびに測定値が異なるのは，量子力学での測定の一般的な特性である．次章で学ぶように，量子力学的状態は波動関数により記述される．波動関数が与えられれば，(3.3), (3.5) の不確定性 Δx, Δp を測定装置とは無関係に一意的に求めることができる．

（2） 正しい．

（3） "真の値" という表現には，「測定装置がもしも理想的なものならば，測定値は常に確定した一定値をとる」という含みが隠されている．これは古典力学での測定に当てはまる．量子力学では "真の値" とよべるものは無い．

第 4 章

[**4.2**] (4.10) を (4.1) に代入して，両辺を $\psi(x) f(t)$ で割ると

$$\mathrm{i}\hbar \frac{1}{f(t)} \frac{\mathrm{d}f(t)}{\mathrm{d}t} = \frac{1}{\psi(x)} \hat{H} \psi(x) \qquad ①$$

を得る．ここで，左辺は時間 t だけの関数であり，右辺は x だけの関数である．t だけを含む左辺と x だけを含む右辺が等しいためには，これが t にも x にもよらない定数でなければならない．この定数を E と書くと

$$\mathrm{i}\hbar \frac{1}{f(t)} \frac{\mathrm{d}f(t)}{\mathrm{d}t} = \frac{1}{\psi(x)} \hat{H} \psi(x) = E \qquad ②$$

となる．これから，(4.5) および

$$i\hbar \frac{df(t)}{dt} = E f(t) \qquad ③$$

が得られる．この微分方程式③は，$f(t) = e^{\lambda t}$ を代入して定数 λ を決めれば容易に解けて，

$$f(t) = e^{-iEt/\hbar} \qquad ④$$

となる．なお，このような $f(t)$ には定数を掛けるのが普通だが，いまは，この定数が $\psi(x)$ の中に含まれると考えている．

[**4.3**] こんどは，①において，左辺は t だけの関数であるが，右辺は t と x の両方を含むので，これを定数と置くことはできない．したがって，ハミルトニアンが時間を含む場合には，シュレーディンガー方程式 (4.1) を変数分離により解くことはできない．

[**4.4**] (4.12) で $t=0$ とおいた形が (4.13) に一致すべきである．したがって，時刻 t における波動関数は

$$\Psi(x,t) = c_1 \psi_1(x) e^{-iE_1 t/\hbar} + c_2 \psi_2(x) e^{-iE_2 t/\hbar}$$

である．

[**4.5**] $\psi_3(x)$ と $\psi_4(x)$ が同じ状態を表すことはすぐにわかる．$\psi_5(x)$ と $\psi_8(x)$ も，これと同一の状態を表している．その他にもう一組ありそうだ….

[**4.6**] 任意の実数 θ に対して

$$|e^{i\theta}|^2 = (e^{i\theta})^* (e^{i\theta}) = e^{-i\theta} e^{i\theta} = 1$$

であるから，

$$|\Psi(x,t)|^2 = |\psi(x)|^2$$

となり，これは t によらない．

[**4.7**] （1）波動関数 (4.18) の絶対値の2乗は $|\Psi_k(x,t)|^2 = 1$ であり，x によらない．そのため，粒子の位置を測定する実験を行うと，どこに見つかる確率もすべて等しい（IIによる）．したがって，位置の不確定性は $\Delta x = \infty$ である．

（2）確定値 $\hbar^2 k^2 / 2m$ が得られる（IVによる）．

[**4.8**] （3）$x = \dfrac{1}{4}L, \dfrac{3}{4}L$.

[**4.9**] 確率の総和が1に等しいという条件は，いまの場合

$$\int_0^L |\psi(x)|^2 \, dx = 1$$

である．これを満たすように定数 A を決めると，$A = \sqrt{2/L}$ となる．

[**4.10**] 本文の説明のように考えると，x がとびとびの値をとる場合には，x^2 の平均値は

$$\langle x^2 \rangle = \sum_x (x^2 \text{の値}) \times (x \text{が実現する確率})$$

により計算できる．実際には x は連続変数なので，和が積分に移行して
$$\langle x^2 \rangle = \int x^2 |\Psi(x,t)|^2 \, dx$$
と表せる．

[4.12] この波動関数に運動量演算子 $\hat{p}$ を作用させると，
$$\hat{p}\, \Psi_k(x,t) = \hbar k\, \Psi_k(x,t)$$
となる．波動関数が規格化されていないので，(4.27b) あるいは (4.30b) を使って期待値を計算すると，分子と分母の積分が共通になり，直ちに
$$\langle p \rangle = \hbar k, \qquad \langle p^2 \rangle = \hbar^2 k^2$$
が得られる．したがって，運動量の不確定性 (3.5) は $\Delta p = 0$ となる．一方，[問題 4.7] により $\Delta x = \infty$ となっている．すなわち，運動量が確定値 $\hbar k$ をとり，その代償として位置が全く不確定になっている．

いまの場合，波動関数 Ψ_k が運動量演算子 $\hat{p}$ の固有関数なので，運動量の測定値が確定値をとるのである．

[4.13] （1） $\psi(x) = a^{-1/2}\, e^{-|x|/a}$

（2） 定数 a が長さの次元をもつから，規格化された波動関数は（長さ）$^{-1/2}$ という次元をもつ．

（3） 求める確率は，規格化された波動関数の絶対値の 2 乗を x_1 から x_2 まで積分することにより得られ，その結果は $\dfrac{1}{2}(e^{-2x_1/a} - e^{-2x_2/a})$ である．

[4.14]
（1）
$$-\frac{\hbar^2}{2m}\frac{d^2\psi}{dx^2} + \frac{1}{2}m\omega^2 x^2 \psi = E\psi \qquad ①$$

（2） 問題に与えられている波動関数を上のシュレーディンガー方程式①に代入する．$\psi(x)$ の 2 階導関数が
$$\frac{d^2\psi}{dx^2} = N\frac{d}{dx}\left(-\alpha^2 x\, e^{-\alpha^2 x^2/2}\right) = (-\alpha^2 + \alpha^4 x^2)\psi \qquad ②$$
であるから
$$-\frac{\hbar^2}{2m}(-\alpha^2 + \alpha^4 x^2) + \frac{1}{2}m\omega^2 x^2 = E \qquad ③$$
となる．③の両辺の x^2 の係数を比べることにより
$$\alpha = \sqrt{\frac{m\omega}{\hbar}}$$

（3） また，③の両辺の定数項を比べることにより
$$E = \frac{1}{2}\hbar\omega$$
を得る．

（4） m, ω, $\hbar$ の単位はそれぞれ
$$\{m\} = \text{kg}, \qquad \{\omega\} = \text{s}^{-1}, \qquad \{\hbar\} = \text{J}\cdot\text{s} = \text{kg}\cdot\text{m}^2/\text{s}$$
であるから，
$$\left\{\frac{m\omega}{\hbar}\right\} = \frac{\text{kg s}^{-1}}{\text{kg}\cdot\text{m}^2/\text{s}} = \text{m}^{-2}$$
である．
（5） 規格化の条件
$$N^2 \int_{-\infty}^{\infty} \exp(-\alpha^2 x^2)\, dx = 1$$
より，規格化定数 N が
$$N = \frac{\alpha^{1/2}}{\pi^{1/4}}$$
となる．

（6） いまの場合，(4.25) の被積分関数が x の奇関数であるから，$\langle x \rangle = 0$ となる．

（7） x^2 の平均値は，[問題 4.10] の結果の式により計算できる．
$$\langle x^2 \rangle = N^2 \int_{-\infty}^{\infty} x^2 \exp(-\alpha^2 x^2)\, dx$$
$$= N^2 \frac{\sqrt{\pi}}{2\alpha^3} = \frac{1}{2\alpha^2}$$

（8） $\psi(x)$ は x の偶関数であり，$\hat{p}\psi(x)$ は x の奇関数である．したがって，その積は奇関数である．

（9） $\langle p^2 \rangle = -\hbar^2 \left(\psi, \dfrac{d^2\psi(x)}{dx^2}\right) = -\hbar^2 \left(\psi, (-\alpha^2 + \alpha^4 x^2)\psi\right)$
$$= \hbar^2 \alpha^2 - \hbar^2 \alpha^4 \langle x^2 \rangle = \frac{1}{2}\hbar^2 \alpha^2$$

（10） $\varDelta x = 1/\alpha\sqrt{2}$, $\varDelta p = \hbar\alpha/\sqrt{2}$ となるから，その積は
$$\varDelta x\, \varDelta p = \frac{\hbar}{2}$$
であり，不確定性関係 (3.6) の最小値が実現している．

[**4.17**] 観測ボタンを押して粒子が検出されたなら，続けてすぐに観測ボタンを押してみよう．すると，同じ位置に再び粒子が検出される．これが，ディラックの言う「物理現象の連続性」である．

[**4.18**] （1） PsiMovie.exe を実行したとき，「実行開始」のために「続行ボタン」を押す代りに本問の正解をキーボードから入力すると，何かが見られるようになっている．この画面でも，観測ボタンを連続して押してみよ．

（2） 運動量

[4.21]　$a = \sqrt{m\omega/\hbar}$, $E = (3/2)\hbar\omega$.

第 5 章

[5.1]　角振動数は $\omega = 2\pi\nu$ である．波数の定義を思い出せば，よく知られた関係 $c = \lambda\nu$ が得られる．

[5.2]　$\omega = ck$ ならば，(5.1) は
$$\Psi(x,t) = A\,e^{ik(x-ct)}$$
となる．この式は，波の速度が c であって，波数 k とは無関係に一定であることを示す．これは分散が無い波の特徴である．

[5.3]　同様に (5.2) を (5.1) へ代入すると，$\Psi(x,t)$ が $x - (\hbar k/2m)t$ の関数である．したがって，この場合には波の速度が $\hbar k/2m$ であって，波数 k に（したがって，波長 λ に）依存する．これは，分散がある波の特徴である．

[5.4]　音や光の分散関係 (5.4) を (5.8) と (5.9) に当てはめる．

[5.5]　波数 k ではなしに，光の波長 λ を使って (5.5) を書き直せばよい．屈折率が大きい媒質の中では，光は屈折されやすいから（光線が曲げられやすいから），波長は短くなると期待される．

[5.6]　$v_g = \hbar k/m = 2v_\phi$

[5.7]　前問に得られた v_g の式に (3.12) を使うと，古典力学での粒子の速度 $v = p/m$ に一致することがわかる．

[5.8]　波数の定義を再確認する問題である．

[5.9]　(1) $t = 0$ のときに $x = 15$ にあった谷は，$t = 1$ のときに $x = 17$ へ移動している．

　(2) このような谷の位置を追いかけることにより得られる速度は，位相速度である．その大きさは $v_\phi = (17 - 15)/1 = 2$ である．

　(3) 包絡線のピーク位置は，$t = 4$ のときに $x = 31$ へ移動した．

　(4) 群速度は $v_g = (31 - 15)/4 = 4$ である．

　(5) ［問題 5.6］の結果を使えば，分散関係を推定できる．

[5.10]　$v_g = nv_\phi$

[5.11]　分散がある．

[5.12]　(5.4) を (5.13) に使うと，$\Psi(x,t)$ に対する式の中で x と t が $x - ct$ という組合せで現れる．したがって，時刻 t における波形 $\Psi(x,t)$ は，時刻 $t = 0$ における波形 $\Psi(x,0)$ を用いて

$$\Psi(x, t) = \Psi(x - ct, 0)$$

と表せる．すなわち，時刻 $t = 0$ での波形を距離 ct だけ平行移動したものが $\Psi(x, t)$ になっている．したがって，波束は同じ波形を保ったまま速度 c で進む．

[**5.13**] 分散がある．もしも分散が無ければ，[問題 5.12] でわかったように，波形が単純に平行移動して進んで行くはずである．

[**5.14**] （1） $t = 0$ のときに $x = 15$ にある波の谷は，$t = 2$ のときに $x = 17$ へ進むから，$v_\phi = (17 - 15) / 2 = 1$ である．

（3） 波束の中心位置が $t = 0$ のとき $x = 15$ にあり，$t = 10$ のときに $x = 30$ へ進むから，$v_\mathrm{g} = (30 - 15) / 10 = 1.5$ である．

（5） [問題 5.10] の結果を使えば，分散関係を推定できる．

[**5.16**] $f(k)$ がゆるやかに変化するという条件から

$$\frac{\mathrm{d}f(k)}{\mathrm{d}k} = 0$$

が出てくる．言いかえると，この条件を満たす k の付近では，波が干渉により強め合う．他方，重み関数 $A(k)$ は $k = k_0$ のあたりで大きな値をもつ．この2つの条件が一致するとき，すなわち (5.15) が満たされるときに限り，積分 I は大きな値をもつ．

こういう考え方は，慣れないうちは親しみにくいだろう．けれども，物理に出てくる積分がいつでもきちんと計算できるとは限らない．厳密に計算できない積分がどんな場合に大きい値をとるかを知るのは，重要なことである．

[**5.17**] $f(k) = kx - \omega(k)t$ に対して (5.15) を使う．

[**5.18**] (5.15) を使う応用問題である．
（1） $\partial\phi/\partial p = 0$ として，$p = p_0$ と置く．
（2） 高等学校の物理でよく知られた運動である．
（3） $\hat{H} = \hat{p}^2/2m - f\hat{x}$

第 6 章

[**6.1**] $S = \dfrac{\hbar k}{m}(|A|^2 - |B|^2)$．第1項が右向き進行波による流れを，第2項が左向き進行波による流れを表す．両者の干渉項は無い．

[**6.2**] $S = \dfrac{\hbar k}{m} u(x)^2$

[**6.3**] （1） [例題] の結果の式で，$|A|^2$ の単位は 個$/m^3$ であると考えられる．

また，$\hbar k/m = p/m = v$ の単位は m/s である．この2つの単位を掛けると，S の単位が得られる．

（2） 単位時間内に（1秒間に）単位面積（1 m² の面積）を通る粒子の個数．

[**6.4**] シュレーディンガー方程式

$$-\frac{\hbar^2}{2m}\frac{d^2\Psi}{dx^2} + V(x)\Psi = i\hbar\frac{\partial\Psi}{\partial t} \tag{6.1}$$

の複素共役をとると

$$-\frac{\hbar^2}{2m}\frac{d^2\Psi^*}{dx^2} + V(x)\Psi^* = -i\hbar\frac{\partial\Psi^*}{\partial t}$$

が得られる．ここで，（上式）×Ψ^* −（下式）×Ψ をつくると，$V(x)$ が掛かった項が落ちて

$$-\frac{\hbar^2}{2m}\left(\Psi^*\frac{\partial^2\Psi}{\partial x^2} - \frac{\partial^2\Psi^*}{\partial x^2}\Psi\right) = i\hbar\left(\Psi^*\frac{\partial\Psi}{\partial t} + \frac{\partial\Psi^*}{\partial t}\Psi\right)$$

が得られる．これは

$$-\frac{\hbar}{2m}\frac{\partial}{\partial x}\left(\Psi^*\frac{\partial\Psi}{\partial x} - \frac{\partial\Psi^*}{\partial x}\Psi\right) = i\frac{\partial}{\partial t}|\Psi|^2$$

と書きかえられるので，この両辺を i で割ると，(6.4) が得られる．

[**6.5**] $\psi_\mathrm{I}(0) = \psi_\mathrm{II}(0)$ より $A + B = C$
    $\psi_\mathrm{I}'(0) = \psi_\mathrm{II}'(0)$ より $ik(A - B) = i\alpha C$

これから (6.15) が得られる．

[**6.6**]

$$T = \frac{4k\alpha}{(k+\alpha)^2} = \frac{4\sqrt{E(E-V_0)}}{(\sqrt{E}+\sqrt{E-V_0})^2}$$

透過率は $E \leqq V_0$ のとき 0 であるが，少し E が増すと，急速に1に近づいていく．

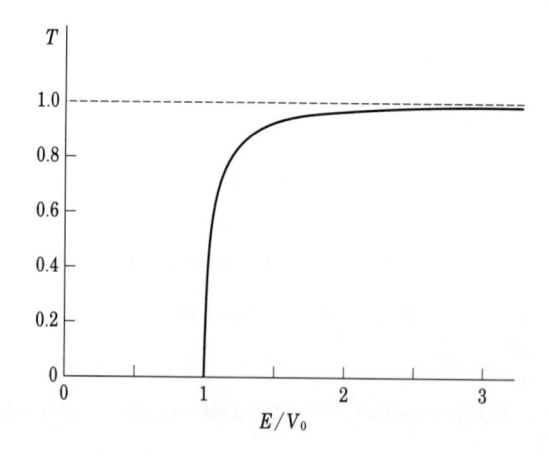

[6.7] 古典力学では，$E > V_0$ のエネルギーをもつ粒子はすべて通過できるが，量子力学では，量子的粒子の波動性のために透過率は1より小さく，反射率が0でない．

[6.8]
$$\psi_{\mathrm{I}}(0) = \psi_{\mathrm{II}}(0) \quad \text{より} \quad A + B = C$$
$$\psi_{\mathrm{I}}'(0) = \psi_{\mathrm{II}}'(0) \quad \text{より} \quad ik(A - B) = -\beta C$$

これから (6.21) が得られる．

[6.9] 反射率 $R = |B|^2 / |A|^2$

[6.10] (6.21) において，
$$k = \sqrt{k^2 + \beta^2} \cos\phi, \qquad \beta = -\sqrt{k^2 + \beta^2} \sin\phi$$

となるように ϕ を決めると，オイラーの公式により
$$k \mp i\beta = \sqrt{k^2 + \beta^2}\, e^{\pm i\phi}$$

となる．

[6.11] $x < 0$ の領域の波動関数は (6.10) により与えられる．$x > 0$ の領域では，
$$V(x) = -V_0$$

となっているから
$$E + V_0 = \frac{\hbar^2 \alpha^2}{2m}$$

と置けば，波動関数は (6.12) で与えられる．その後の計算は $E > V_0$ の場合と同じである．透過率は
$$T = \frac{4k\alpha}{(k + \alpha)^2} = \frac{4\sqrt{E(E + V_0)}}{(\sqrt{E} + \sqrt{E + V_0})^2}$$

となる．

[6.13] (1) 物質波は分散のある波である．68ページあたりの説明を思い出そう．

(2) 領域IIでは，粒子の運動エネルギーが (6.11) により与えられる．これは E より小さい．このため粒子の速度が小さくなっている．V_0 を負にするとどうなるだろうか？

[6.14] (5.15) へ (6.27) の位相
$$f(k) = -kx + 2\phi(k) - \frac{\hbar k^2}{2m} t$$

を代入すると，波束のピーク位置が
$$x = -\frac{\hbar k_0}{m} t + 2 \left.\frac{d\phi}{dk}\right|_{k=k_0}$$

と求められる．

$\phi(k)$ の導関数を計算するときには，(6.23) の β が k の関数であることに注意しよう．(6.9) と (6.19) により，

$$\beta^2 + k^2 = \frac{2mV_0}{\hbar^2} = \text{const}$$

であるから，$d\beta/dk = -k/\beta$ となっている．これを使って，

$$\frac{d\phi}{dk} = -\frac{1}{1+\left(\frac{\beta}{k}\right)^2}\left(\frac{1}{k}\frac{d\beta}{dk} - \frac{1}{k^2}\beta\right)$$

を求めればよい．

得られた結果について考えてみよう．古典力学の場合には，衝突した粒子は直ちに反射される．ところが，いまの結果 (6.28) では，反射された粒子は古典力学の場合より遅れて戻ってくる．量子的粒子の波動性により，粒子は距離 $1/\beta$ だけポテンシャル壁の中に浸み込んでから反射される．右辺の第 2 項 $2/\beta$ は，このような浸み込みによる遅れを表すと解釈される．あらためて図 6.4 を見ると，反射された粒子は確かに遅れて戻ってくることがわかる．

[**6.16**] （1） $E > V_0$ の場合，古典的粒子は，反射されることなく，100% の確率で通過する．量子的粒子は波動性をもつので，反射率は 0 ではなく，透過率は 100% より小さい．

（2） $E < V_0$ の場合には，どちらの粒子も反射率が 100% である．ただし，量子的粒子は，その波動性のためにポテンシャル壁の中に浸み込むので，古典的粒子よりも遅れてもどってくる．

[**6.17**] 古典力学では，透過率は

$$T = \begin{cases} 0 & E < V_0 \text{ のとき} \\ 1 & E > V_0 \text{ のとき} \end{cases}$$

である．

[**6.18**] （1） $E = V_0$ のときには，トンネル効果の確率として (6.30 e) と (6.31 e) のどちらを使ってもよい．$E \approx V_0$ なので (6.30) により $\alpha \approx 0$ となるから

$$\sin^2(\alpha b) \approx \alpha^2 b^2 = \frac{2m}{\hbar^2}(E - V_0)b^2 = \frac{2P(E - V_0)}{V_0}$$

これを透過率の式 (6.30 e) に代入する．あるいは，(6.31) で $\beta \approx 0$ なので

$$\sinh^2(\beta b) \approx \beta^2 b^2 = \frac{2m}{\hbar^2}(V_0 - E)b^2 = \frac{2P(V_0 - E)}{V_0}$$

これを透過率の式 (6.31 e) に代入して

$$T = \frac{1}{1 + \dfrac{P}{2}}$$

を得る．この式によれば，$P = 4.5$ のときには透過率が $T = \dfrac{4}{13} = 30.8\%$ となる．この値は，図6.6のグラフのどこに対応するか？

（2） sinh の引数 βb は

$$\beta b = \frac{\sqrt{2m(V_0 - E)}}{\hbar} b$$

である．ここへ $m = 9.1 \times 10^{-31}$ kg, $V_0 = 5$ eV, $E = 3$ eV, 1 eV $= 1.6 \times 10^{-19}$ J, $b = 2 \times 10^{-10}$ m, $\hbar = 1.05 \times 10^{-34}$ J·s を代入すると

$$\beta b = \frac{\sqrt{2(9.1 \times 10^{-31})(5-3)(1.6 \times 10^{-19})}}{1.05 \times 10^{-34}} (2 \times 10^{-10}) = 1.45$$

となる．したがって，$\sinh(\beta b)$ の数値は

$$\sinh(1.45) = \frac{e^{1.45} - e^{-1.45}}{2} = 2.0$$

となる．これに掛かるエネルギーの因子は

$$\frac{V_0^2}{4E(V_0 - E)} = \frac{25}{24}$$

である．分子と分母のエネルギーの単位 (eV) が共通であるから，ここでは単位をジュールに変換する必要がない．以上の数値を組み合わせると，電子の透過率が $T = 0.19$ となる．

（3） 陽子の場合には，質量が違うだけなので，βb が $\sqrt{1840}$ 倍されて

$$\beta b = 1.45 \times \sqrt{1840} = 62$$

となる．このときの透過率は $T \sim 10^{-54}$ である．

以上の2つの場合を比べると，電子は質量が小さいので，量子的粒子の性格が強く現れる．

[**6.19**] $x = 0$ で $\psi(x)$ と $d\psi(x)/dx$ が連続という条件から

$$A + B = F + G \qquad ①$$
$$k(A - B) = \alpha(F - G) \qquad ②$$

が得られる．また，$x = b$ で $\psi(x)$ と $d\psi(x)/dx$ が連続という条件から

$$F e^{\alpha b} + G e^{-\alpha b} = C e^{ikb} \qquad ③$$
$$\alpha(F e^{\alpha b} - G e^{-\alpha b}) = k C e^{ikb} \qquad ④$$

が得られる．①～④を解けばよい．③と④を F と G について解いた結果

$$F = \frac{\alpha + k}{2\alpha} C e^{i(k-\alpha)b} \qquad ⑤$$

$$G = \frac{\alpha - k}{2\alpha} C \, e^{i(k+\alpha)b} \qquad \text{⑥}$$

を ①, ② に代入すると

$$A + B = C \, e^{ikb} \left[\cos(\alpha b) - \frac{ik}{\alpha} \sin(\alpha b) \right] \qquad \text{⑦}$$

$$A - B = C \, e^{ikb} \left[\cos(\alpha b) - \frac{i\alpha}{k} \sin(\alpha b) \right] \qquad \text{⑧}$$

これを解いて B/A と C/A を求める.

[6.20]　$\cos(ix) = \cosh(x)$, $\sin(ix) = i \sinh(x)$ を使う.

[6.21]
$$T = \frac{|C|^2}{|A|^2} = \frac{4k^2\beta^2}{(k^2 - \beta^2)^2 \sinh^2(\beta b) + 4\beta^2 k^2 \cosh^2(\beta b)}$$

ここで, $\cosh^2 x = \sinh^2 x + 1$ および (6.9), (6.31) を使う.

[6.22]

（1）ポテンシャルの形に応じて, 図 6.5 の 3 つの領域に分けて考える.

（2）各領域でシュレーディンガー方程式を解いて, 解 (6.31 a ～ c) を得る.

（3）この問題では右からの入射波が無いので, (6.31 c) で e^{-ikx} の係数を 0 と置く.

（4）$x = 0$ と $x = b$ で波動関数とその微分係数が連続という境界条件を課する. これにより係数の間の関係が決まる.

[6.23]　77 ページで説明したように, 透過率 T は, 透過波の確率流密度 $S_{透過} = (\hbar k/m)|C|^2$ を入射波の確率流密度 $S_{入射} = (\hbar k/m)|A|^2$ で割ることにより得られる.

[6.24]　この波動関数は $e^{\pm ikx}$ ではなしに, 実数の関数 $e^{\pm \beta x}$ を使って書かれているから, 確率の流れがなさそうに見える. しかし, 実際には F と G が複素数なので

$$S = \frac{\hbar \beta}{im}(F^* G - F G^*) = \frac{2\hbar \beta}{m} \text{Im}(F^* G)$$

は 0 ではない. ここで, 右辺の記号 Im は虚数部分を意味する.

[6.26]　m の次元は質量, 単位は kg である. $\rho(x)$ は単位長さ当たりの質量を意味するから, その単位は kg/m である. (6.36) の両辺は同じ次元をもつはずであるから, デルタ関数の次元は, 長さの逆数 (単位は m^{-1}) である. 一般に, デルタ関数 $\delta(x)$ は, その引数 x の逆数の次元をもつ.

普通の関数は, sin にしても exp にしても, その引数も関数値もどちらも無次元なのだが, デルタ関数は例外である.

[6.27]　(6.34) により, $x \neq y$ のとき $\delta(x - y) = 0$ であるから

$$(\text{A 4}) \text{ の左辺} = f(y) \int_{-\infty}^{\infty} \delta(x - y) \, dy$$

となる．(6.35) により，デルタ関数の積分は 1 に等しい．

[**6.28**] (6.37) により U_0 が（エネルギー）×（長さ）の次元をもつことに注意する．その単位は J·m である．したがって，(6.43) により定義される β の単位は

$$\{\beta\} = \frac{\{m\}\{U_0\}}{\{\hbar^2\}} = \frac{\text{kg J·m}}{(\text{J·s})^2} = \frac{\text{kg·m}}{\text{J·s}^2} = \text{m}^{-1}$$

[**6.29**] e^{-ikx} は右から左へ向かって（x 軸の負の方向に）進む波を表す．いまは波が左から入射する場合を考えており，右からの入射を考えていない．右からの入射波が無いので，$D = 0$ と置いた．もしも粒子が右側から入射する場合には，D は 0 ではなく，代りに $A = 0$ となる．

[**6.30**] (6.13) と (6.41) により

$$A + B = C$$

$$ik\,C - ik(A - B) = \frac{2mU_0}{\hbar^2} C = 2\beta\,C$$

これを解いて，(6.42) が得られる．

[**6.31**]

$$T = \frac{|C|^2}{|A|^2} = \frac{k^2}{k^2 + \beta^2} = \frac{E}{E + \dfrac{m}{2\hbar^2} U_0^2}$$

この結果はポテンシャルの符号によらない．

[**6.32**] $V_0 \to \infty$ の極限を考えるから，$V_0 > E$ のときの結果 (6.31 e) を使う．$b \to 0$ であるから

$$\sinh(\beta b) \approx \beta b$$

と近似できる．したがって

$$T = \frac{1}{1 + \dfrac{V_0^2 \beta^2 b^2}{4E(V_0 - E)}}$$

となる．ここへ (6.31) を使って，β を消去すればよい．

[**6.33**]　（1）　$\phi(k)$ の決め方は［問題 6.10］と全く同じである．

（2）　入射波の位相が kx であるのに対して，透過波の位相 $kx + \phi$ は ϕ だけ大きい．このように 2 つの波の位相の差を表す量なので，ϕ を“位相のずれ”とよぶ．

（3）　反射率は

$$R = \frac{|B|^2}{|A|^2} = \frac{\beta^2}{k^2 + \beta^2} = \sin^2\phi$$

である．透過波の位相のずれが大きいほどポテンシャルによる散乱が強い．

(4) ϕ の符号は，U_0 の符号の反対である．すなわち，引力ポテンシャル ($U_0 < 0$) ならば位相のずれは正であり，斥力ポテンシャル ($U_0 > 0$) ならば位相のずれは負である．これは，$\phi(k)$ のもつ一般的な性質である．グラフからわかるように，位相のずれは $k = 0$ のときに最も大きく，k が増大するとともに 0 に近づいていく．

(5) デルタ関数の位置を通った後の透過波（破線）は，実線よりも早く 0 になる．したがって，破線の方が位相が<u>進ん</u>でいる．

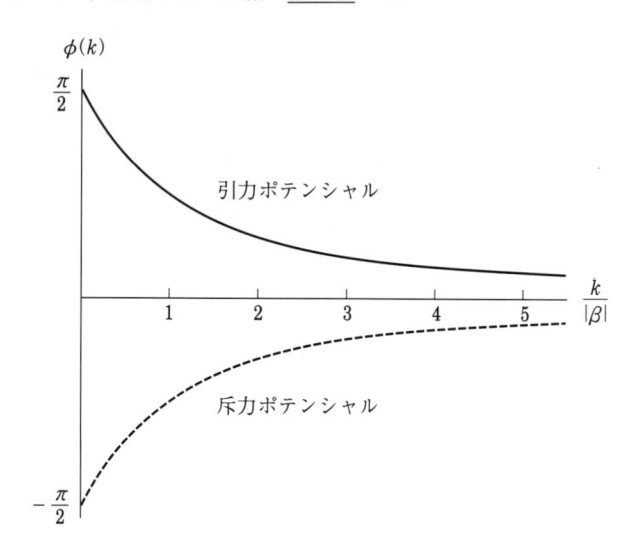

第 7 章

[**7.1**] 左端での境界条件 $\psi(0) = 0$ から $B = 0$ が得られる．したがって
$$\psi(x) = A \sin kx$$
である．これに右端での境界条件を課すると
$$\psi(L) = A \sin kL = 0$$
となるから，$A = 0$ または $\sin kL = 0$ のどちらかである．もしも $A = 0$ とすると，物理的に意味の無い解 $\psi(x) = 0$ になってしまうから
$$\sin kL = 0$$
でなければならない．これから本文のような結果が得られる．

[**7.2**] (1) $n = 0$ とすると，$\psi_0(x) = 0$ となる．このような関数は，波動関

数として意味をもたない（量子力学的状態を表さない）．

（2） $\psi_{-1}(x)$ と $\psi_1(x)$ は独立ではなく，$\psi_{-1}(x) = -\psi_1(x)$ という関係がある．量子力学では，定数倍異なる波動関数は同じ状態を表す．したがって，もしも $n = -1$ を許すと，同じ状態を2回数えることになる．

[**7.3**] この図の波動関数が右端で0になるためには，もっと折れ曲がりを強くする —— したがって，波長を短くする，波数を大きくする，エネルギーを大きくする —— 必要がある．

実際，$E = 4.2$ は，第3固有値

$$E_3 = \frac{1}{2}\left(\frac{3\pi}{3.2}\right)^2 = 4.34$$

より少しだけ小さい．この問題に「波数」という言葉を使って答えた読者は，波数をよく理解している．

[**7.4**] 節の個数は（両端の点を含めて）$n+1$ である．

[**7.5**] 内積 (7.9) は

$$(\psi_m, \psi_n) = \frac{2}{L}\int_0^L \sin\frac{m\pi x}{L}\sin\frac{n\pi x}{L}\,dx$$

ここで，見やすいように積分変数を $x = Ly$ と変更すれば，積分範囲 $0 \leq x \leq L$ が $0 \leq y \leq 1$ に変更され，$dx = L\,dy$ であるから

$$(\psi_m, \psi_n) = \int_0^1 2\sin(m\pi y)\sin(n\pi y)\,dy$$

となる．これは，三角関数の積を和に置きかえる公式

$$2\sin A \sin B = \cos(A-B) - \cos(A+B)$$

により

$$(\psi_m, \psi_n) = \int_0^1 [\cos(m-n)\pi y - \cos(m+n)\pi y]\,dy$$

と変形できる．この積分は，正の整数 m と n に対して，$m \neq n$ のとき0になり，$m = n$ のとき1に等しい．

[**7.6**] (7.10) で $f \to \psi_m$, $g \to \psi_n$ と置いて，両辺を0から L まで積分すると

$$[\psi_m' \psi_n - \psi_m \psi_n']_0^L = \int_0^L (\psi_m'' \psi_n - \psi_m \psi_n'')\,dx$$

となる．左辺は境界条件 (7.2) により消える．右辺にシュレーディンガー方程式 (7.3) を使うと

$$0 = -\frac{2m}{\hbar^2}(E_m - E_n)\int_0^L \psi_m(x)\psi_n(x)\,dx$$

となる．もしも $E_m \neq E_n$ ならば，右辺の積分が0でなければならない．したがって，異なるエネルギー固有値に属する固有関数は直交する．

[**7.8**] （1） $\langle p \rangle = (\psi_n, \hat{p}\psi_n)$

$$= -i\hbar \left(\psi_n, \frac{d\psi_n}{dx} \right) = -i\hbar \left[\frac{1}{2} \psi_n(x)^2 \right]_0^L = 0$$

実数の波動関数 $\psi(x)$ に対しては，運動量の期待値 $\langle p \rangle$ は一般に 0 になる．

（2） $\langle p^2 \rangle = (\psi_n, \hat{p}^2 \psi_n) = -\hbar^2 \left(\psi_n, \frac{d^2\psi_n}{dx^2} \right)$

$$= \hbar^2 \left(\frac{n\pi}{L} \right)^2 (\psi_n, \psi_n) = \left(\frac{n\pi\hbar}{L} \right)^2$$

（3） 上の結果と (3.5) により，運動量の不確定性は $\varDelta p = \dfrac{n\pi\hbar}{L}$ である．

（4） この波動関数は 0 から L まで広がっており，特にどこに局在しているということはない．したがって，位置の不確定性 $\varDelta x$ はおよそ

$$\varDelta x \sim \frac{L}{2}$$

である．あるいは，問題に与えられた不定積分公式を用いてきちんと計算すれば，

$$\langle x \rangle = (\psi_n, \hat{x}\psi_n) = \frac{2}{L} \frac{L^2}{4} = \frac{L}{2}$$

$$\langle x^2 \rangle = (\psi_n, \hat{x}^2 \psi_n) = \frac{L^2}{3} - \frac{L^2}{2n^2\pi^2}$$

となるから，(3.3) を用いて位置の不確定性

$$\varDelta x = \frac{L}{2\sqrt{3}} \sqrt{1 - \frac{6}{n^2\pi^2}}$$

が求められる．

（5） 2つの不確定性の積は

$$\varDelta x\, \varDelta p \sim \frac{n\pi\hbar}{2\sqrt{3}} \sqrt{1 - \frac{6}{n^2\pi^2}}$$

である．この結果が 1 以上の整数 n について (3.6) と矛盾しないことを確かめよ．

[**7.9**] (7.13) を

$$c_n = \int \psi_n(y)^* f(y)\, dy$$

と書いて，(7.12) の右辺に代入すると

$$\sum_n c_n \psi_n(x) = \sum_n \int \psi_n(y)^* f(y)\, dy\, \psi_n(x)$$

ここで和と積分の順序を入れかえる．

$$= \int \left(\sum_n \psi_n(y)^* \psi_n(x) \right) f(y)\, dy$$

完全性 (7.11) により括弧の中は $\delta(x - y)$ であり

$$= \int \delta(x-y) f(y)\,dy$$

デルタ関数の抜き出す性質 (A 4) により，これは $f(x)$ に等しい．

[**7.10**]　(7.15) で $f(x) \to \delta(x)$ とおけば，デルタ関数の抜き出す性質 (A 4) により，$c_n = 1/2\pi$ が得られる．この c_n を (7.14) に使うことにより，(A 7) が証明される．

簡単な証明問題であるが，その結果として得られた (A 7) は，41 ページの図 3.5 のイメージと重ね合わせて頭の中にしまっておく必要がある．

[**7.11**]　(7.11) の左辺に (7.7) を代入した後，n についての和を $n = -\infty$ から ∞ までに拡大して全体を 2 で割ると

$$(7.11) の左辺 = \frac{1}{L} \sum_{n=-\infty}^{\infty} \sin\frac{n\pi x}{L} \sin\frac{n\pi y}{L}$$

となる．ここで，三角関数を

$$\sin\theta \to \frac{e^{i\theta} - e^{-i\theta}}{2i}$$

と指数関数に置きかえ，(A 7) が使える形に持ち込むと，中間結果として

$$(7.11) の左辺 = \frac{1}{2L}\left[2\pi\,\delta\!\left(\frac{\pi(x-y)}{L}\right) - 2\pi\,\delta\!\left(\frac{\pi(x+y)}{L}\right)\right]$$

が得られる．ここでデルタ関数の公式 (A 5) を使うと，最終的に

$$= \delta(x-y) - \delta(x+y)$$

という結果が得られる．いまは粒子が存在しうる範囲が $0 < x, y < L$ に限られているから，$x + y$ が 0 になることはない．したがって，後の項を無視できる．こうして，完全性 (7.11) を証明できた．

[**7.12**]　グラフを三角形とみなして，底辺と高さから面積を概算するとよい．たとえば，$s = 0.95$ のとき，高さ ≈ 20，底辺 ≈ 0.1 である．

[**7.14**]　関数系 $\{\psi_n(x)\}$ の正規直交完全性により，時刻 $t = 0$ の波動関数 $\delta(x - x_0)$ を

$$\Psi(x, 0) = \sum_{n=1}^{\infty} \psi_n(x_0)\,\psi_n(x)$$

と展開できる．固有関数 $\psi_n(x)$ は $e^{-iE_n t/\hbar}$ にしたがって時間変化するから，時刻 t における波動関数は

$$\Psi(x, t) = \sum_{n=1}^{\infty} \psi_n(x_0)\,\psi_n(x)\,e^{-iE_n t/\hbar}$$

である．

[**7.15**]　$E_1 = \dfrac{\hbar^2 \pi^2}{2mL^2} = 3.76 \times 10^{-19}\,\text{J} = 2.35\,\text{eV}$

[**7.16**]　粒子の質量 $m = 10^{-3}\,\text{kg}$，箱の長さ $L = 10^{-2}\,\text{m}$，運動の周期 $T = 1\,\text{s}$

であり，速度は $v = 2L/T$ である．

(1) 運動エネルギー $E = \dfrac{1}{2} mv^2 = \dfrac{2mL^2}{T^2} = 2 \times 10^{-7}$ J

(2) (7.7) で波数 k が $k = n\pi/L$ であるから，運動量が

$$p = \hbar k = \hbar \frac{n\pi}{L}$$

となる．これから逆に量子数 n を求めると

$$n = \frac{L}{\pi\hbar} p = \frac{L}{\pi\hbar} mv = \frac{2mL^2}{\pi\hbar T} = 6 \times 10^{26}$$

という莫大な数値になる．巨視的な運動に対して n がこんなに大きな値をとるのは，$\hbar$ が極めて小さな定数だからである．

(3) 隣り合う準位のエネルギー間隔は，(7.20) により

$$\Delta E = \frac{n\pi^2\hbar^2}{mL^2} = \frac{2\pi\hbar}{T} = 6.6 \times 10^{-34} \text{J}$$

である．この準位間隔はエネルギー E に比べて非常に小さいので，実際上，エネルギー準位が連続であるとみなすことができる．

[**7.17**] 前問の解答中の $p = n\pi\hbar/L = nh/2L$ とド・ブロイの関係 (1.18) による．$2L = n\lambda$ という関係は，運動の1周期の距離 $2L$ が波長の整数倍に等しいことを意味する．両端を固定した長さ L の弦 (たとえば，ギターの弦) に波長 λ の定在波が立つ条件でもある．

[**7.18**] エネルギー E をもつ質量 m の自由粒子の運動量 $p = \sqrt{2mE}$ が x によらず一定であるから，(7.22) は

$$\sqrt{2mE} \times 2L = 2\pi n\hbar$$

となる．これから (7.8) が得られる．

[**7.19**] 運動の範囲は $0 \leq x \leq E/mg$ である．ボーアの量子条件により

$$2 \int_0^{E/mg} \sqrt{2m(E - mgx)}\, dx = 2\pi n\hbar$$

となる．左辺に2倍の因子がつくのは，往復運動だからである．この左辺の積分を実行すると

$$2\sqrt{2m} \frac{2}{3} \frac{E^{3/2}}{mg} = 2\pi n\hbar$$

という結果が得られる．これを整理すれば (7.24) になる．

[**7.20**]

(1) $v = \dfrac{p}{m} = \dfrac{\hbar k}{m} = \dfrac{n\pi\hbar}{mL}$

(2) $T = \dfrac{2L}{v} = \dfrac{2mL^2}{n\pi\hbar}$, $\qquad \omega = \dfrac{2\pi}{T} = \dfrac{n\pi^2\hbar}{mL^2}$

（3）(7.20) より，n が十分に大きければ
$$\varDelta E = \frac{n\pi^2\hbar^2}{mL^2}$$
と近似できる．これを上に得られた ω と比べると，$n \gg 1$ ならば
$$\varDelta E \approx \hbar\omega$$
が成り立つことがわかる．

（4）量子数が大きい極限では，振動数条件 (7.26) により決まる光の振動数 $\omega_{光}$ が電子の運動の角振動数 ω に一致する．このことを手がかりにしてボーアは量子条件 (7.22) を着想した．

[**7.21**] 粒子が跳ね上がる最大の高さ H は
$$H = \frac{E}{mg}$$
である．この高さから自由落下する物体が着地するまでの所要時間が，運動の周期 T の半分であるから，自由落下運動でよく知られているように
$$H = \frac{1}{2}g\left(\frac{T}{2}\right)^2$$
が成り立つ．したがって
$$T = 2\sqrt{\frac{2H}{g}} = \sqrt{\frac{8E}{mg^2}}$$
となる．これにより，角振動数 $\omega = 2\pi/T$ をエネルギー E の関数として表すことができる．この粒子がもしも電荷をもっていれば，自分の角振動数 ω と同じ角振動数の光を放つ．

他方，(7.24) から
$$\varDelta E = E_n\left(1 - \frac{E_{n-1}}{E_n}\right) = E_n\left(1 - \left(1 - \frac{1}{n}\right)^{2/3}\right)$$
となる．ここで $1 \gg \frac{1}{n}$ と近似すれば
$$\varDelta E \approx \frac{2}{3}\frac{E_n}{n} = \frac{2}{3}\sqrt{\frac{A}{E_n}}$$
となる．この結果を $\hbar\omega$ と比較して，その意味を考えよ．

[**7.22**] 簡単のために
$$s = \sin\frac{kL}{2}, \qquad c = \cos\frac{kL}{2}$$
という記号を使う．$x = -L/2$ で ψ_{II} と ψ_{I} を接続すると
$$\psi_{\mathrm{II}} = \psi_{\mathrm{I}} \to -As + Bc = D\mathrm{e}^{-\beta L/2}$$
$$\psi_{\mathrm{II}}' = \psi_{\mathrm{I}}' \to kAc + kBs = \beta D\mathrm{e}^{-\beta L/2}$$
この2つの式から D を消去すると

が得られる．次に $x = L/2$ で ψ_II と ψ_III を接続すると

$$(\beta s + kc)A + (-\beta c + ks)B = 0 \qquad ①$$

$$\psi_\text{II} = \psi_\text{III} \to As + Bc = Ce^{-\beta L/2}$$
$$\psi_\text{II}' = \psi_\text{III}' \to kAc - kBs = -\beta Ce^{-\beta L/2}$$

この 2 つの式から C を消去すると

$$(\beta s + kc)A + (\beta c - ks)B = 0 \qquad ②$$

が得られる．以上により，

$$(\beta s + kc)A = 0 \quad \text{かつ} \quad (\beta c - ks)B = 0$$

であることがわかる．したがって

もしも $A = 0$ ならば，$B \neq 0$ (偶関数)，$\dfrac{s}{c} = \dfrac{\beta}{k}$ \hfill (7.36)

もしも $B = 0$ ならば，$A \neq 0$ (奇関数)，$\dfrac{s}{c} = -\dfrac{k}{\beta}$ \hfill (7.38)

[**7.23**] $V_0 \to \infty$ であるから，円の半径が無限大になる．ところが $\xi \to \pi/2$ のときに $\tan\xi \to \infty$ となるので，曲線 $\eta = \xi\tan\xi$ と円との交点は $\xi = \pi/2$ を与える．したがって，(7.39) により

$$k = \frac{2\xi}{L} = \frac{\pi}{L}$$

であり，このときのエネルギー固有値は

$$E_1 = \frac{\hbar^2 k^2}{2m} = \frac{\hbar^2 \pi^2}{2mL^2}$$

である．これは，§7.1 で求めた結果 (7.8) に一致する．

[**7.24**] 図 7.5 で，円が破線と交点をもつためには，その半径が $\pi/2$ 以上でなければならない．したがって，$V_0 L^2 > \pi^2\hbar^2/2m$ が必要である．

[**7.26**] $x \neq 0$ では $V(x) = 0$ であり，いまは束縛状態 ($E < 0$ の状態) を考えているから，

$$E = -\frac{\hbar^2 \beta^2}{2m}$$

とおけば，$x < 0$ の領域での波動関数が (7.33)，$x > 0$ の領域での波動関数が (7.34) のように表される．この波動関数に接続条件 (6.13)，(6.41) を課して $x = 0$ でつなぐと，係数の間の関係が

$$C = D$$
$$\beta(-D - C) = \frac{2mU_0}{\hbar^2}C$$

となり，これから (7.46) が得られる．この波動関数の規格化は，55 ページ [問題 4.13] に既出である．

[7.27] デルタ関数ポテンシャルの係数 U_0 が（エネルギー）×（長さ）の次元をもつことを思い出そう（§6.4）．

第 8 章

[8.1] （1） 節の個数は量子数 n に等しい．たとえば，$u_3(x)$ は3個の節（ゼロ点）をもつ．
（2） n が偶数のとき $u_n(x)$ は偶関数であり，n が奇数のとき $u_n(x)$ は奇関数である．したがって，$u_n(-x) = (-1)^n u_n(x)$ が成り立つ．

[8.2] $x = \pm 1/\alpha$．この計算のあとで，図8.2 の $u_1(x)$ のグラフを眺めてみるとよい．

[8.3] 非常に大きな x のところでは，調和振動子のポテンシャルエネルギー $V(x)$ が非常に大きな値をもつ．このような場所に粒子は存在しえない．したがって，そのような場所に粒子が見出される確率 $|u(x)|^2$ は 0 である．よって，$x \to \pm\infty$ のとき $u(x) \to 0$ でなければならない．

[8.4]
（1） $\Psi(x,t) = \sum_{n=0}^{\infty} c_n u_n(x) e^{-i(n+1/2)\omega t}$
（2） 周期 $T = 4\pi/\omega$ に対して $\Psi(x, t+T) = \Psi(x, t)$ となる．また，
$$|\Psi(x,t)|^2 = \sum_{m=0}^{\infty} \sum_{n=0}^{\infty} c_m^* c_n u_m(x) u_n(x) e^{i(m-n)\omega t}$$
の周期は，単振動の周期 $2\pi/\omega$ に一致する．PsiMovie.exe はその一つの例であって，黙って見ていれば，単振動の周期で $|\Psi(x,t)|^2$ が周期的に変化する．
（3） 調和振動子のエネルギー準位 E_n は等間隔である．
（4） 関数系 $\{u_n(x)\}$ が完全系をなすから．言いかえると，(8.15) が成り立つから．

[8.5] エネルギー E が固有値から少しでもずれると，境界条件を満たさないことがよくわかる．たとえば，$E = 2.49, 2.499, 2.4999, 2.49999$ としてみよ．矢印（↑）キーを使うと，このような入力が容易にできる．

[8.6] （1） $d^2u_1(x)/dx^2 = 0$ を解いて $x_c = \pm\sqrt{3}/\alpha$.
（2） $V(x_c) = \frac{1}{2} m\omega^2 x_c^2 = \frac{3}{2}\hbar\omega$．このような結果になることは，(8.6) からも理解できる．
（3） 一般に古典力学で，粒子が運動できる範囲は $V(x) \leqq E$ により制限さ

れる．ちょうど $V(x) = E$ となる x が x_c であり，古典的な運動の転回点とよばれる．すなわち，古典的粒子は x_c より先へ運動することはできず，そこから逆向きに戻って運動する．

[8.7] （1）[問題 8.1] の（1）を見よ．
（2）転回点の位置で波動関数が変曲していることを図 8.1 で確認すればよい．

[8.8] 母関数 (8.21) で $t = 0$ とすると，右辺の $n \geq 1$ の項がすべて消えて $n = 0$ の項だけが残るので，$H_0(\xi)$ を決めることができる．

[8.10] (8.26) の両辺の g のところへ母関数の右辺の形を代入すると

$$\sum_{n=0}^{\infty} H_n'(\xi) \frac{t^n}{n!} = \sum_{n=0}^{\infty} 2H_n(\xi) \frac{t^{n+1}}{n!}$$

が得られる．ここで，右辺の n を $n \to n-1$ と置きかえる．置きかえた後，両辺の $t^n/n!$ の係数を等しいと置けば，漸化式 (8.23) が得られる．

[8.11] (8.27) の左辺は

$$e^{-t^2-s^2} \int_{-\infty}^{\infty} e^{-\xi^2 + 2(t+s)\xi} \, d\xi$$

となる．これは，積分公式 (A 2) で

$$a \to 1, \qquad b \to 2(t+s)$$

と置いた形であるから，ξ について積分した結果は

$$\sqrt{\pi} \, e^{2ts}$$

である．これを ts について展開して (8.27) の右辺と比較すればよい．指数関数を展開した結果は

$$\sqrt{\pi} \sum_{n=0}^{\infty} \frac{2^n}{n!} t^n s^n$$

となるから，$m \neq n$ の項は 0 であり，$m = n$ の項だけが残る．

[8.12] (8.11) の $u_n(x)$ を (8.14) に代入すると，内積が

$$(u_m, u_n) = A_m A_n \int_{-\infty}^{\infty} H_m(\alpha x) H_n(\alpha x) \, e^{-\alpha^2 x^2} \, dx$$

となる．積分変数を x から $\xi = \alpha x$ に変更して

$$= \frac{1}{\alpha} A_m A_n \int_{-\infty}^{\infty} H_m(\xi) H_n(\xi) e^{-\xi^2} \, d\xi$$

ここで，エルミート多項式の直交性 (8.20) を使う．

$$(u_m, u_n) = \frac{1}{\alpha} A_m A_n \times \delta_{mn} 2^n n! \sqrt{\pi} = \delta_{mn}$$

[8.13] （1）2つの漸化式からすぐに得られる．
（2）$\xi = \alpha x$ と置けば

$$\frac{1}{\alpha}\frac{\mathrm{d}}{\mathrm{d}x}u_n(x) = A_n \frac{\mathrm{d}}{\mathrm{d}\xi}[H_n(\xi)\,\mathrm{e}^{-\xi^2/2}]$$

$$= A_n\left(\frac{\mathrm{d}H_n(\xi)}{\mathrm{d}\xi} - \xi\,H_n(\xi)\right)\mathrm{e}^{-\xi^2/2}$$

$$= A_n\left(nH_{n-1}(\xi) - \frac{1}{2}H_{n+1}(\xi)\right)\mathrm{e}^{-\xi^2/2}$$

$$= \frac{nA_n}{A_{n-1}}u_{n-1}(x) - \frac{A_n}{2A_{n+1}}u_{n+1}(x)$$

ここで，(8.30) を使う．

[**8.14**]　(8.31) の $xu_n(x)$ のところに (8.28) を代入して，$u_n(x)$ の直交性 (8.14) を使う．また，(8.32) の

$$\hat{p}\,u_n(x) = -\mathrm{i}\hbar\frac{\mathrm{d}u_n(x)}{\mathrm{d}x}$$

のところへ (8.29) を代入して，$u_n(x)$ の直交性を使う．

[**8.15**]　（1）　期待値 (8.33) が基本的に $(xu_n(x))^2$ の積分であることに留意する．(8.28) の両辺の2乗をとれば

$$\alpha^2 x^2 u_n(x)^2 = \frac{n}{2}u_{n-1}(x)^2 + \frac{n+1}{2}u_{n+1}(x)^2 + \sqrt{n(n+1)}\,u_{n-1}(x)u_{n+1}(x)$$

を得る．この右辺は，$u_n(x)$ の正規直交性を利用して容易に積分できる．したがって，x^2 の期待値が

$$\langle x^2 \rangle = \frac{n+\frac{1}{2}}{\alpha^2}$$

となる．

（2）　(8.29) の両辺を x について微分し，その右辺に再び (8.29) を使うと，

$$\frac{\mathrm{d}^2}{\mathrm{d}x^2}u_n(x) = \alpha^2\frac{\sqrt{n(n-1)}}{2}u_{n-2}(x) - \alpha^2\left(\frac{n}{2} + \frac{n+1}{2}\right)u_n(x)$$
$$+ \alpha^2\frac{\sqrt{(n+1)(n+2)}}{2}u_{n+2}(x)$$

が得られるので，これから p^2 の期待値が

$$\langle p^2 \rangle = \left(n + \frac{1}{2}\right)\alpha^2$$

となる．

（3）　位置 x の不確定性 Δx と運動量 p の不確定性 Δp は，それぞれ (3.3)，(3.5) により計算され，その積は

$$\Delta x\,\Delta p = \left(n + \frac{1}{2}\right)\hbar$$

である．この結果は，不等式 (3.6) を満たしている．

[8.16] 漸化式 (8.28) と正規直交性 (8.14) による．

[8.17] 問題には，係数 c_n が実数と書かれているが，一般に複素数だとすると

$$\langle x \rangle = (\psi, \hat{x}\psi) = \left(\sum_m c_m u_m, \hat{x} \sum_n c_n u_n\right)$$
$$= \sum_m \sum_n c_m^* c_n (u_m, \hat{x} u_n) = \sum_m \sum_n c_m^* c_n \langle m | \hat{x} | n \rangle$$

となる．

(1) ここで，(8.35) により $m = n+1$ の項と $n = m+1$ の項だけが 0 でないことを使うと

$$\langle x \rangle = \sum_{n=0}^{\infty} \frac{1}{\alpha} \sqrt{2(n+1)} \, c_n \, c_{n+1}$$

(2) [問題 8.4] の波動関数 $\Psi(x, t)$ を使って，同様に期待値を計算する．その結果は，上の値 (時刻 $t = 0$ での期待値) $\times \cos \omega t$ となる．

[8.18] (8.28), (8.29) の和と差をとる．

[8.19] (8.37) で $n \to n-1$ と置きかえると

$$\left(\frac{d}{d\xi} - \xi\right) u_{n-1}(x) = -\sqrt{2n} \, u_n(x)$$

となる．この左辺に，(8.36) 右辺の $u_{n-1}(x)$ を代入すると

$$\left(\frac{d}{d\xi} - \xi\right)\left(\frac{du_n(x)}{d\xi} + \xi \, u_n(x)\right) = -2n \, u_n(x)$$

となって，$u_n(x)$ だけで閉じた 2 階の微分方程式が得られる．これを整理すればよい．そのとき，微分演算子 $d/d\xi$ がどこに作用するかを注意せよ．

[8.20] 井戸型ポテンシャルの場合と違って，s をかなり 1 に近づけないとデルタ関数らしくならない．これは，無限級数の収束がかなり遅いことを意味する．

グラフを三角形とみなして，底辺と高さから面積を概算せよ．

[8.21] (8.40) で $s \to 1$ と置く．ただし，分母の $1-s$ は，そのままにする．また，$1-s^2$ は

$$1 - s^2 = (1+s)(1-s) \to 2(1-s)$$

とする．この極限で，(8.40) は

$$F(x, y, s) \approx \frac{\alpha}{\sqrt{2\pi(1-s)}} \exp\left[-\frac{\alpha^2(x-y)^2}{2(1-s)}\right]$$

となる．積分公式 (A 1) によりこの右辺を x について積分すると，その結果は 1 に等しい．また，$s \to 1$ とすると，$x = y$ のところだけで大きな値をとる．したがって，この関数は $s \to 1$ の極限でデルタ関数 $\delta(x-y)$ に移行する．

[**8.22**] （1） 積分表示された (8.41) を母関数の式 (8.21) の右辺に代入する．その結果，正しい母関数 $g(t,\xi)$ が得られれば，(8.41) が正しいエルミート多項式を与えることが確かめられる．

代入の結果は

$$(8.21) \text{ の右辺} = \frac{1}{\sqrt{\pi}} \sum_{n=0}^{\infty} \int_{-\infty}^{\infty} e^{-u^2} \frac{[2t(\xi+iu)]^n}{n!} du$$

となる．n についての級数は，指数関数 $e^{2t(\xi+iu)}$ のテイラー展開になっているから，これを

$$= \frac{1}{\sqrt{\pi}} \int_{-\infty}^{\infty} e^{-u^2} e^{2t(\xi+iu)} du$$

とまとめられる．この積分は，(A 2) を使って計算できる．

（2） 積分表示 (8.41) を (8.42) の左辺に使うと

$$(8.42) \text{ の左辺} = \frac{1}{\sqrt{\pi}} \int_{-\infty}^{\infty} e^{-u^2} \sum_{n=0}^{\infty} \frac{[s(\xi+iu)]^n}{n!} H_n(\eta) \, du$$

となる．ここで，n についての級数が母関数 $g(s(\xi+iu), \eta)$ であるから

$$= \frac{1}{\sqrt{\pi}} \int_{-\infty}^{\infty} e^{-u^2} e^{2s(\xi+iu)\eta - s^2(\xi+iu)^2} du$$

とまとめられる．この積分も (A 2) により計算できる．

第 9 章

[**9.1**] 見やすいように，問題の演算子を $\hat{C}$ と置いて考えるとよい．たとえば，$\hat{C} = \hat{A}\hat{B}$ とすると，任意の関数 f, g に対して

$$(f, \hat{C}^\dagger g) = (\hat{C}f, g) = (\hat{A}\hat{B}f, g)$$

ここで，$\hat{A}$ と $\hat{B}$ を順番に右側へ持ってくれば

$$= (\hat{B}f, \hat{A}^\dagger g) = (f, \hat{B}^\dagger \hat{A}^\dagger g)$$

となる．初めと終りを比べれば，

$$\hat{C}^\dagger = \hat{B}^\dagger \hat{A}^\dagger$$

であることがわかる．

[**9.3**] エルミート演算子の性質 (9.5) と内積の性質 (4.29) による．

[**9.4**] (9.10) による．

[**9.5**] $\dfrac{\partial}{\partial t}(\Psi, \Psi) = 0$ を示せばよい．この左辺は

$$\frac{\partial}{\partial t}(\Psi, \Psi) = \left(\frac{\partial \Psi}{\partial t}, \Psi\right) + \left(\Psi, \frac{\partial \Psi}{\partial t}\right)$$
$$= \left(\frac{1}{i\hbar}\hat{H}\Psi, \Psi\right) + \left(\Psi, \frac{1}{i\hbar}\hat{H}\Psi\right)$$
$$= -\frac{1}{i\hbar}(\hat{H}\Psi, \Psi) + \frac{1}{i\hbar}(\Psi, \hat{H}\Psi)$$

となる．ここで $\hat{H}$ がエルミート演算子であることを使う．

この結果の物理的意味は明白である．(9.11)はシュレーディンガー方程式を表している．ある時刻に波動関数 Ψ が

$$(\Psi, \Psi) = 1$$

と規格化されていれば，その後の時刻においても規格化は保たれる．演算子 $\hat{H}$ が時間とともに変化する場合にも，上の証明はそのまま成り立つ．

[**9.6**] (9.12) と f との内積をとれば

$$(f, \hat{A}f) = a(f, f)$$

となる．右辺の内積 (f, f) は正である．左辺は，[問題 9.4] により ….

[**9.7**] 一般には，同時固有関数は存在しない．ただし，$\hat{A}$ の固有値 a または $\hat{B}$ の固有値 b のどちらかが 0 ならば，同時固有関数は存在する．

[**9.8**]
$$(\hat{x}\hat{p} - \hat{p}\hat{x})f(x) = -i\hbar\left(x\frac{\partial f}{\partial x} - \frac{\partial}{\partial x}(xf)\right) = i\hbar f(x)$$

[**9.9**] 基本仮定 V に書かれていることを，この場合に即して述べる．たとえば，測定されるエネルギーは E_1 または E_2 のどちらかである．それ以外の値が測定されることはない ….

この測定を多数回行えば，測定値の平均値は $|c_1|^2 E_1 + |c_2|^2 E_2$ である．

[**9.10**] この問題に答えるには，次の 2 つの点を正確に理解している必要がある．

(1) エルミート演算子の固有値は実数である．

(2) 基本仮定 V によれば，測定されるのは固有値である．

したがって，もしもエルミート演算子でないとすると，測定値が実数であることが保証されない（というおかしなことになる）．

[**9.11**] (1) この内積を

$$(\Psi - f, \Psi - f) = (\Psi, \Psi) - (\Psi, f) - (f, \Psi) + (f, f)$$

と分解し，後の 3 つの内積を 134 ページの [例題] と同様に計算する．たとえば，

$$(\Psi, f) = \sum_n c_n(\Psi, u_n) = \sum_n c_n(u_n, \Psi)^* = \sum_n c_n c_n^*$$

(2) A を測定すると，測定値として $\hat{A}$ の固有値 a_n が得られる確率が $|c_n|^2$

である．確率 $|c_n|^2$ の総和が1より小さいというのは，論理的に矛盾している．したがって，基本仮定Vと矛盾を生じないためには，測定可能な力学変数 $\hat{A}$ の固有状態が完全系を成す必要がある．

[**9.13**] 交換子の計算は，ばらばらにしてしまうよりも，なるべく (9.29)～(9.31 b) を使うのがよい．

(1) 公式 (9.31 a) を使って計算する．
$$[\hat{p}^2, \hat{x}] = \hat{p}[\hat{p}, \hat{x}] + [\hat{p}, \hat{x}]\hat{p}$$
$$= \hat{p}(-i\hbar) + (-i\hbar)\hat{p} = -2i\hbar\hat{p}$$

(2) 同様に，公式 (9.31 b) を使うと，結果は $-2i\hbar\hat{x}$ となる．

(3) [問題 9.8] の注意がここでも当てはまる．
$$[\hat{p}, F(\hat{x})]f(x) = \hat{p}F(\hat{x})f(x) - F(\hat{x})\hat{p}f(x)$$
$$= -i\hbar\left(\frac{\partial}{\partial x}(F(x)f(x)) - F(x)\frac{\partial f(x)}{\partial x}\right)$$
$$= -i\hbar\frac{\partial F(x)}{\partial x}f(x)$$

この計算の初めと終りを比べると
$$[\hat{p}, F(\hat{x})] = -i\hbar\frac{\partial F(\hat{x})}{\partial \hat{x}}$$

[**9.14**]
$$(u_m, [\hat{H}, \hat{A}]u_n) = (u_m, \hat{H}\hat{A}u_n) - (u_m, \hat{A}\hat{H}u_n)$$
$$= (\hat{H}u_m, \hat{A}u_n) - E_n(u_m, \hat{A}u_n)$$
$$= E_m(u_m, \hat{A}u_n) - E_n(u_m, \hat{A}u_n)$$

[**9.15**]

(1) $$[\hat{H}, \hat{x}\hat{p}] = \frac{1}{2m}[\hat{p}^2, \hat{x}\hat{p}] + [V(\hat{x}), \hat{x}\hat{p}]$$

ここでも，交換関係の公式を使って計算を進める．
$$[\hat{p}^2, \hat{x}\hat{p}] = 0 + [\hat{p}^2, \hat{x}]\hat{p}$$
$$[V(\hat{x}), \hat{x}\hat{p}] = \hat{x}[V(\hat{x}), \hat{p}] + 0$$

ここで，[問題 9.13] の結果を使う．

(2) 期待値 $(u_n, [\hat{H}, \hat{x}\hat{p}]u_n)$ は，[問題 9.14] により 0 である．

(3) 調和振動子の場合には，V が x の2次式なので，$\frac{1}{2}x\frac{dV}{dx} = V$ となる．したがって，運動エネルギーの期待値とポテンシャルエネルギーの期待値が等しいことがわかる．[問題 8.15] を見よ．

[**9.16**] (2) [問題 9.1] の (2) を使う．

$$\hat{a}^\dagger = \frac{-\mathrm{i}\hat{p}^\dagger + m\omega\hat{x}^\dagger}{\sqrt{2m\hbar\omega}} = \frac{-\mathrm{i}\hat{p} + m\omega\hat{x}}{\sqrt{2m\hbar\omega}}$$

（3） 交換子の公式 (9.30 a, b) を使う．

（4）　$\hat{x} = \sqrt{\dfrac{\hbar}{2m\omega}}\,(\hat{a} + \hat{a}^\dagger),\qquad \hat{p} = -\mathrm{i}\sqrt{\dfrac{m\hbar\omega}{2}}\,(\hat{a} - \hat{a}^\dagger)$

（6）　交換関係（3）により $\hat{a}^\dagger\hat{a}\hat{a}^\dagger = \hat{a}^\dagger(\hat{a}^\dagger\hat{a} + 1)$．この両辺を u_n に作用させる．

（7）　$(u_{n+1},\ u_{n+1}) = \dfrac{1}{n+1}(\hat{a}^\dagger u_n,\ \hat{a}^\dagger u_n)$

$$= \frac{1}{n+1}(u_n,\ \hat{a}\hat{a}^\dagger u_n) = \frac{1}{n+1}(u_n,\ (\hat{a}^\dagger\hat{a} + 1)u_n)$$

（8）　交換関係（3）により
$$\hat{a}^\dagger\hat{a}\hat{a} = (\hat{a}^\dagger\hat{a})\hat{a} = (\hat{a}\hat{a}^\dagger - 1)\hat{a} = \hat{a}(\hat{a}^\dagger\hat{a}) - \hat{a}$$
この両辺を u_n に作用させる．

（9）　上の（7）と同様に計算する．

（10）　(9.37) から得られる微分方程式
$$\frac{\mathrm{d}u_0}{\mathrm{d}x} + \frac{m\omega}{\hbar}x\,u_0 = 0$$
は変数分離形にして解ける．

（11）　この2つの式を加える．

[**9.17**]　デルタ関数の抜き出す性質 (A 4) を使う．
$$(u_{x'},\ u_{x''}) = \int_{-\infty}^{\infty} \delta(x-x')\,\delta(x-x'')\,\mathrm{d}x = \delta(x'-x'')$$

[**9.19**]　"量子的粒子に対してその場所を測定する実験を実施したとき，その実験の結果が x という値に出ることの確率"

[**9.21**]
$$(u_{p'},\ u_{p''}) = \frac{1}{2\pi\hbar}\int_{-\infty}^{\infty} \mathrm{e}^{-\mathrm{i}p'x/\hbar}\,\mathrm{e}^{\mathrm{i}p''x/\hbar}\,\mathrm{d}x = \delta(p'-p'')$$

[**9.23**]
$$(u_p,\ \psi) = \frac{1}{2\pi\hbar}\int_{-\infty}^{\infty} \mathrm{e}^{-\mathrm{i}px/\hbar}\,\sqrt{\beta}\,\mathrm{e}^{-\beta|x|}\,\mathrm{d}x$$
$$= \sqrt{\frac{\beta}{2\pi\hbar}}\,\frac{2\beta\hbar^2}{p^2 + \beta^2\hbar^2}$$

これの絶対値の2乗が求める確率密度である．あとは，確率密度を p について積分し，その結果が1になることを示せばよい．それには，積分公式
$$\int_{-\infty}^{\infty} \frac{1}{(x^2+a^2)^2}\,\mathrm{d}x = \frac{\pi}{2a^3}$$

を使う．

[**9.25**] （1） $\hbar k$ または $-2\hbar k$ のどちらかの値が測定される．これ以外の値が測定されることはない．

（2） 1回の実験では，どちらの値が測定されるかを予測することはできない．

（3） 多数回実験を行えば，$\hbar k$ が測定される回数は，$-2\hbar k$ が測定される回数の9倍である．

（4） もしも $\hbar k$ という値が得られれば，測定後の波動関数は $e^{ikx}/\sqrt{2\pi\hbar}$ に変化している．もしも $-2\hbar k$ という値が得られれば，測定後の波動関数は $e^{-2ikx}/\sqrt{2\pi\hbar}$ に変化している．

（5） 多数回実験を行って得られる測定値の平均値は $0.7\hbar k$ である．

索引

$\sim$, $\approx$ 31
δ_{mn} 95
$\delta(x)$ 88
h, $\hbar$ 8
ψ, Ψ(プサイ) 46
z^* 5

ア

アインシュタイン
 (A. Einstein) 8, 17

イ

位相空間 32
位相速度 65
位相のずれ 79, 91
位置演算子 45
　——の固有関数 141
井戸型ポテンシャル
　無限に深い—— 93
　有限の深さの——
　　105
一般化運動量 21
一般化座標 20

ウ

運動量演算子 45
　——の固有関数 142
運動量表示 143

エ

エネルギー固有値 47,
　95
　調和振動子の——
　　114
エネルギー準位 102
エルミート演算子 128
エルミート共役な 128
エルミート多項式 119
　——の漸化式 120
　——の直交性 119
　——の母関数 120
演算子 44, 127
　位置—— 45
　運動量—— 45
　エルミート—— 128
　ハミルトニアン——
　　45
　ユニタリ—— 129

オ

オイラーの公式 4, 6, 98
オブザーバブル 133
音波 64

カ

階段ポテンシャル 75
ガウス型
　——関数 42
　——波束 81, 154
ガウス積分の公式 42,
　56
ガウス分布 43

ガーマー(L. H. Germer)
　11
可換な 131, 136
確定値 50
確率 62
　波動関数の——解釈
　　49, 57
確率振幅 44
確率波 15, 57
確率密度 50, 72
確率流密度 72
重ね合わせの原理 47
完全系 99
完全性 99, 133, 141, 142
　固有関数の—— 99,
　　115

キ

規格化する 52
規格直交系 96
規格直交性 95
期待値 53, 134
基底状態 103
境界条件 94, 114
共役複素数 5

ク

偶奇性 109, 116
屈折率 64
クロネッカーのデルタ
　95

群速度 65

ケ

ケット・ベクトル 55

コ

交換関係 137
交換子 136
光子 8
　——の運動量 8
　——のエネルギー 8
光電管 13
光電効果 9
光量子 8
　——仮説 8
光路差 3
古典的粒子 83
固有関数 47,130
　——の直交性 95,115,130
　——の完全性 99,115
　同時—— 131,136
固有状態 50
固有値 47,130
　エネルギー—— 47,95
　とびとびの—— 48
　離散—— 48
　連続—— 48,141
コンプトン
　(A. H. Compton) 18
　——効果 10,27

シ

仕事関数 9
実在波 57
状態関数 → 波動関数
自由粒子 48
重力場の中の粒子 28,71,104
縮退した 131
シュレーディンガー
　(E. Schrödinger) 57
シュレーディンガー方程式
　——を解く手順 78
　時間を含まない—— 46
　時間を含む—— 44
進行波 98

セ

正規化する 52
正規直交化する 131
正規直交系 96
正規直交性 95,115,130
正規分布 43
正準共役な 21,25
正準方程式 24
漸化式 120,122
前期量子論 103
線形な 47
全微分の公式 25

ソ

相対論 26
測定 60,133,144

索　　引　183

束縛状態 93

タ

ダウンロード vi
対応原理 103,105
単振動 19,112

チ

調和振動子 19,35,45,61,112,138
　——のエネルギー固有値 114
　——の固有関数 115
　——の波束 57
直交性 95,130
　エルミート多項式の—— 119
　固有関数の—— 95,115,130

テ

定在波 98
ディラック
　(P. A. M. Dirac) 55
デヴィスン
　(C. J. Davisson) 11
デルタ関数 88,100,141,142
　——の次元 89
　——の性質 88
デルタ関数ポテンシャル 89
　——の束縛状態 109
　——への衝突 89
展開

184 索引

固有関数による―― 99, 133
転回点 113, 174
電磁場中の荷電粒子 26

ト

透過波 76
透過率 77, 84
とびとびの固有値 48
ド・ブロイ (L. V. de Broglie) 11
　――の関係 11
　――波長 11
トンネル効果 85
朝永振一郎 142

ナ

内積 54, 95, 128

ニ

二重性 12
入射波 76
ニュートン (I. Newton) 7

ハ

ハイゼンベルク (W. Heisenberg) 29
ハミルトニアン 22
　――演算子 45
ハミルトン運動方程式 24
波数 35
　――ベクトル 36

波束 36, 38, 68
　――と不確定性関係 36
　――の衝突 58, 80
　ガウス型―― 81, 154
　調和振動子の―― 57
波長 35
　ド・ブロイ―― 11
波動関数 44
　――の確率解釈 49, 57
反射波 76
反射率 77

ヒ

非可換な 131, 136
光
　――の圧力 11
　――の強さ 10
　――の波動性 1
　――の分散 64
　――の粒子性 8
標準偏差 30
ビリアル定理 138

フ

フォトン 8
ブラケット記号 55
ブラ・ベクトル 55
プランク (M. Planck) 17
　――定数 8
フーリエ級数 100

フーリエ変換 143
フーリエ積分 38, 143
プリズム 64
不確定性 30, 42
　――関係 29, 97, 123, 136
　　波束と―― 36
　――原理 29
複素数の絶対値 5
節 96, 109, 116
物質の波動性 11
物質波 12
物理現象の連続性 60
振り子 20
分散がある/ない 64
分散関係 64

ヘ

平均値 53, 134
平面波 36
ベクトル空間 111
ベクトル・ポテンシャル 26
変曲点 118
変数分離法 47

ホ

ボーア (N. H. D. Bohr) 18, 103
　――の振動数条件 104
　――の量子条件 105
ポアソン括弧式 25, 133
ボルン (M. Born) 57
母関数

索　引　185

エルミート多項式の
　——　120

ミ

水
　——の重力波　64
　——の表面張力波
　　64
ミリカン
　(R. A. Millikan)　17

ヤ

ヤング(T. Young)　1, 7

——の2重スリット
　の実験　1

ユ

ユニタリ演算子　129

ラ

ラグランジアン　20
ラグランジュ運動方程式
　21

リ

力学変数　25, 133

離散固有値　48
量子条件　132
　ボーアの——　105
量子数　95, 109, 115
量子的粒子　12
量子力学の基本仮定
　132

レ

連続固有値　48, 141
連続の方程式　74

著者略歴

1942年 東京に生まれる．1964年 東京大学工学部物理工学科卒業．1969年 同大学院博士課程修了．理学博士．京都大学理学部助手，東京都立大学理学部助教授，教授を経て，明治大学教授（理工学部物理学科）．

主な著書：「応用群論」（共著），「物理のための 応用数学」，「基礎演習シリーズ 物理のための 応用数学」，「コンピュータで学ぶ 物理のための 応用数学」，「物性物理/物性化学のための 群論入門」（以上 裳華房），「Fortran 77 による数学ソフトウェア」（共著，丸善），「なっとくする 複素関数」，「なっとくする ベクトル」（以上 講談社）

裳華房フィジックスライブラリー　演習で学ぶ **量子力学**

2002年11月20日　第1版発行
2009年 2月20日　第7版発行
2022年 5月25日　第7版6刷発行

検印省略

定価はカバーに表示してあります．

増刷表示について
2009年4月より「増刷」表示を『版』から『刷』に変更いたしました．詳しい表示基準は弊社ホームページ
http://www.shokabo.co.jp/
をご覧ください．

著作者　　小野寺嘉孝（おのでらよしたか）
発行者　　吉野和浩
発行所　　〒102-0081
　　　　　東京都千代田区四番町8-1
　　　　　電　話　03-3262-9166
　　　　　株式会社　裳華房
印刷所　　横山印刷株式会社
製本所　　牧製本印刷株式会社

一般社団法人
自然科学書協会会員

JCOPY 〈出版者著作権管理機構 委託出版物〉
本書の無断複製は著作権法上での例外を除き禁じられています．複製される場合は，そのつど事前に，出版者著作権管理機構（電話03-5244-5088，FAX 03-5244-5089，e-mail: info@jcopy.or.jp）の許諾を得てください．

ISBN 978-4-7853-2211-3

©小野寺嘉孝, 2002　　Printed in Japan

工学へのアプローチ 量子力学

山本貴博 著　Ａ５判／208頁／定価 2640円（税込）

工学へのアプローチを念頭においた半期用テキスト．無闇に対象とする系を広げず，思い切って１次元系に絞り，必要に応じて２次元系や３次元系への拡張を行うようにした．これによって，数学的な煩雑さを避けながらも，量子力学の基本的な考え方や本質を学べる．

【主要目次】1. ようこそ！量子の世界へ　2. 量子とは何か？　3. シュレーディンガー方程式　4. 量子力学における測定　5. 束縛電子の量子論　6. 散乱電子の量子論　7. 周期ポテンシャル中の電子の量子論　8. 多粒子系の量子論　9. 電気伝導の量子論

量子力学 −現代的アプローチ−　【裳華房フィジックスライブラリー】

牟田泰三・山本一博 共著　Ａ５判／316頁／定価 3630円（税込）

『演習で学ぶ 量子力学』に比べ，物理学科で学ぶ本格的な量子力学の内容となる教科書・参考書．
　解説にあたっては，できるだけ単一の原理原則から出発して量子力学の定式化を行い，常に論理構成を重視して，量子論的な物理現象の明確な説明に努めた．また，応用に十分配慮しながら，できるだけ実験事実との関わりを示すようにした．
　さらに，「量子基礎論概説」の章では，量子測定などの現代物理学における重要なテーマについても記し，そして本書の最後に「場の量子論」への導入の章を設けて次のステップに繋がるように配慮するなど，"現代的なアプローチ"で量子力学の本質に迫った，著者渾身の一冊である．

【主要目次】1. 前期量子論　2. 量子力学の考え方　3. 量子力学の定式化　4. 量子力学の基本概念　5. 束縛状態　6. 角運動量と回転群　7. 散乱状態　8. 近似法　9. 多体系の量子力学　10. 量子基礎論概説　11. 場の量子論への道　付録

量子力学（Ⅰ）（Ⅱ）

江沢　洋著　各Ａ５判（Ⅰ）250頁／定価 2860円（税込）（Ⅱ）220頁／定価 2640円（税込）

本書は，懇切丁寧に書かれた量子力学の入門的教科書．くわしく解説された本文と，豊富な演習問題にくり返し取り組むことによって，量子力学的な想像力を養うことができるだろう．巻末にある解答も，くわしく書かれている．
　『量子力学（Ⅰ）』では理論の枠組みを述べ，井戸型ポテンシャルと調和振動子の問題に適用した．
　『量子力学（Ⅱ）』では特に角運動量と原子の構造について詳述した．
　姉妹書に，豊富で斬新な問題と詳しい解答を収めた『基礎演習シリーズ 量子力学』（244頁／定価 2750円（税込））がある．

【主要目次】（Ⅰ）1. 光の波動性と粒子性　2. 原子核と電子　3. 過渡期の原子構造論　4. 波動力学のはじまり　5. 波動関数の物理的意味　6. 量子力学の成立　7. 井戸型ポテンシャル　8. 調和振動子
【主要目次】（Ⅱ）9. 角運動量　10. 原子の構造　11. 近似法　12. 散乱問題　13. 輻射と物質の相互作用

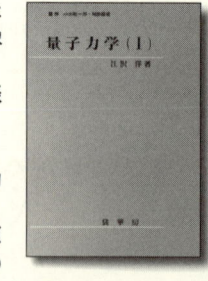

裳華房ホームページ　https://www.shokabo.co.jp/

基 本 物 理 定 数

真空中の光速度	c	2.99792458×10^8 m/s （定義値）
プランク定数	h	$6.62606876(52) \times 10^{-34}$ J·s
		$4.13566727(16) \times 10^{-15}$ eV·s
$h/2\pi$	$\hbar$	$1.054571596(82) \times 10^{-34}$ J·s
		$6.58211889(26) \times 10^{-16}$ eV·s
素 電 荷	e	$1.602176462(63) \times 10^{-19}$ C
電子の質量	m_e	$9.10938188(72) \times 10^{-31}$ kg
陽子の質量	m_p	$1.67262158(13) \times 10^{-27}$ kg
中性子の質量	m_n	$1.67492716(13) \times 10^{-27}$ kg
原子質量単位	m_u	$1.66053873(13) \times 10^{-27}$ kg
ボーア半径	a_0	$0.5291772083(19) \times 10^{-10}$ m
ボーア磁子	μ_B	$9.27400899(37) \times 10^{-24}$ J/T
ボルツマン定数	k	$1.3806503(24) \times 10^{-23}$ J/K
気体定数	R	$8.314472(15)$ J/mol·K
アボガドロ定数	N_A	$6.02214199(47) \times 10^{23}$ mol^{-1}
標準重力加速度	g_n	9.80665 m/s² （定義値）
標準大気圧	atm	1.01325×10^5 Pa （定義値）
エネルギーの換算		
1 eV		$1.602176462(63) \times 10^{-19}$ J
1 Hartree		$27.2113834(11)$ eV

CODATA の 1998 年調整値による．括弧内の数字は標準誤差である．